Osprey Fortress

オスプレイ・ミリタリー・シリーズ

「世界の築城と要塞イラストレイテッド」

2

JN288136

英仏海峡の要塞 1941-1945

ヒットラーの不落要塞

[著]
チャールズ・スティーヴンソン
[カラー・イラスト]
クリス・テイラー
[訳]
平田光夫

The Channel Islands 1941-45

Hitler's Impregnable Fortress

Text by
Charles Stephenson
Illustrated
Chris Taylor

大日本絵画

目次　contents

◎著者紹介

チャールズ・スティーヴンソン　Charles Stephenson
チャールズ・スティーヴンソンは「世界有数の海事史家」（ワシントンDC海軍博物館館長エドワード・M・ファーゴル）である。本書は彼がオスプレイ社から出版した3冊目の本であり、「Fortress」シリーズとしては2冊目である。彼は最近、19世紀の化学戦を取り上げた『ダンドナルド卿の秘密戦争計画：大量破壊兵器の開発 1811-1914』を書き上げた。北ウェールズ出身、現在は英チェシャー州在住。

クリス・テイラー　Chris Taylor
クリス・テイラーは英ニューキャッスル生まれ。現在はロンドン在住。故郷の町で美術学校に学び、1995年にボーンマス大学を卒業、CGの学位を得る。以来彼はグラフィック界で活躍し、現在はフリーのイラストレーターとしてさまざまな出版社の仕事をこなしている。

英仏海峡の要塞 1941-1945
The Channel Islands 1941-45

Introduction

序章

チャネル諸島はコタンタン半島の西方、サン・マロ湾の北方に位置し、主な島はジャージー島、ガーンジー島、オルダニー島、サーク島の4島である。他にも無数の小島が含まれる。ガーンジー島の東3マイルにはハーム島とジトー島があり、西にはリトー島がある。サーク島の西海岸沖にはブレクー島があり、オルダニー島の西にはバールー島がある。チャネル諸島には、さらにいくつかの群島が属している。オルダニー島西方のカスケット群島、ジャージー島とフランス沿岸部の中ほどに浮かぶエクレフ群島、ジャージー島南方のミンカー群島などである。ミンカー群島は無人だが、領有権が確定されたのは意外に近年の1953年だった。その年、ハーグの国際司法裁判所は英仏の訴えに対し、イギリス勝訴の判決を下した。

最大の2島、ジャージー島とガーンジー島の面積は、それぞれおよそ117km²と65km²である。オルダニー島は約8km²、そしてサーク島はその約半分、さらにハーム島、ブレクー島、ジトー島、リトー島は合計しても2.4km²しかない。チャネル諸島の行政区画は、ガーンジー地区とジャージー地区の2地区からなっている。ガーンジー地区に含まれるのは、ガーンジー島、オルダニー島、サーク島、ジトー島、リトー島、ブレクー島、バールー島である。内政的な位置づけは英国王室が所有する「直轄属領」であり、自治権が認められ、イギリス領であるが植民地ではない。ガーンジー地区内のオルダニー島とサーク島はいずれも自治権が認められているため、チャネル諸島には4つの立法府、「ジャージー島議会」、ガーンジー島の「協議会」、「オルダニー島議会」、サーク島の「最高議会」が存在する。4島にはそれぞれ独自の訴訟制度もある。

チャネル諸島は、第二次世界大戦中ドイツに占領された唯一のイギリス領であり、そのことをアードルフ・ヒットラーは少なからず意識していた。事実、彼はチャネル諸島に激しくこだわり続けていたといっても過言でない。その証拠は、同諸島に関して彼が下した数多くの命令の随所に見られる。それらの内容で最も重要なのは、彼がチャネル諸島を「不落要塞」になるまで要塞化せよと決定していた点である。本書ではその決定の背景、要塞の建設過程、期待されていた役割を明らかにし、それらの要素の人間的な面についてもある程度触れたい。作家ヴァレリー・サマーズによれば、「チャネル諸島の独特な雰囲気」の理由は、「英語のアクセント、フランス語の地名、ドイツ軍のブンカー」が交じり合っているからだという。前二者は本書の主題からは外れるので、これからは後者について説明を進めよう。

1066年以来の経緯

1066 and all that

チャネル諸島がイギリス王室の所有物になったのは、1066年にイングランドを征服したノルマンディ公ウィリアムの領地だったためである。1204年にジョン王は、ノルマンディ公爵領をフランス王フィリップ・アウグストゥスに奪われた。しかしチャネル諸島はイングランド領のまま残され、その後英国王室の領地になった。この状況が現代まで続いており、チャネル諸島は各時代の英国君主に忠誠を誓い、「ノルマンディ公」は王室ゆかりの称号として存在し続けている。

こうした政治的な立場を保ち続けるため、チャネル諸島は要塞化された。初期の城砦で最も代表的なものはジャージー島のモント・オーゲイルで、ゴリー城またはプライド山としても知られている。この城はグルーヴィル湾の北端に突き出した岩岬にそびえ、最高部は海抜95mに達し、同島の東海岸全域を見下ろしていた。建設は10世紀に開始され、増改築を繰り返しながら、初期ノルマン式城郭からチューダー朝様式要塞へ、さらに大砲時代の防御施設へと発展していった。

同じく大規模なものとして、エリザベス女王Ｉ世にちなんで命名された16世紀の要塞、エリザベス城がある。これはセント・オービン湾に浮かぶ小島に建設された。この城はジャージー島の首都セント・ヘリアの防衛用で、旋条のない大砲を装備した船を撃退することを目的に建設された。工事は1550年前後に開始され、1601年頃、当時のジャージー島総督サー・ウォルター・ローリーによって完成された。この小島の残りの部分を要塞化する工事と、陸側に関所を建設する工事が、さらに17世紀全期を通して続けられた。セント・ヘリアはイギリス市民革命中の1643年と1651年に2回包囲戦を経験したが、城はほとんど無傷で耐え抜いた。ナポレオン戦争中には兵舎が建設され、さらに多くの防御施設が建設された。1781年にはフランス軍が同地に上陸したが、短い戦闘ののち、海へ撃退された。

1910年に撮影されたこの写真は、ガーンジー島のセント・ピーター・ポートのコーネット城で、北防波堤の端から望んだものである。ここは「ホワイト・ロック」と呼ばれ、客船が接岸していた。この城の城壁と稜堡が、古い砦に付け足されたものなのがよくわかる。
(Courtesy of John Elsbury)

おそらく20世紀初めに撮影されたこの写真は、ジャージー島のセント・ヘリア港を東から望んだもので、遠方に見えるのはエリザベス城である。セント・オービン湾の小島に築かれた同城が、隔絶されているのがはっきりわかる。中ほどに停泊している2本煙突の船に注意。これはサザン鉄道かグレート・ウェスタン鉄道所属の汽船で、島々に旅客と貨物を運んでいた。(Courtesy of John Elsbury)

より近代的なリージェント砦は、セント・ヘリアを見下ろすモン・ド・ラ・ヴィルという丘に1806年から築かれ始めた。港と近接航路の防御は、サウス・ヒル砲台ないし南砦という、その名のとおりリージェント砦の南側、つまり海側に位置する砦によって補完され、そこには長射程砲が設置されていた。リージェント砦から武装が除かれたのは1927年だった。

ガーンジー島の首都セント・ピーター・ポートは、コーネット城により防衛されていたが、この城は19世紀に防波堤と橋が建設されるまで、陸地とは隔絶されていた。ヘンリーII世の治世下だった1150年に建てられたコーネット城は、数百年間にわたり重要な要塞拠点であり続けたが、最後の戦いは市民革命の時代だった。これはガーンジー島島民が議会制政治を選択したのに対し、王政支持を表明した総督が支援者の一団(ジャージー島の国王派の拠点から小船で派遣された)とともに同城に籠城するも、結局1651年にブレイク提督に降伏したという事件だった。

首都の南に位置する高台に建設され、町と港を睥睨していたのはジョージ砦だった。この砦の完成には1780年以来、30数年間が費やされた。稜堡式を導入した城郭だったため、「星」砦という通称が生まれた。ジョージ砦にはアーウィン砦という副要塞が連結され、海側にはクラレンス砲台が設けられていた。

ナポレオン時代に作られた塔をはじめ、さまざまな防御施設がチャネル諸島各地の戦略拠点に建設された。実際、1920年代末に出版されたある旅行案内書にはこうある。「こうした戦争が盛んだった時代の遺構がほとんどの湾に見られます。これらは現在、もっぱらピクニックやキャンプの場として利用されています」。そうした遺構のひとつ、ガーンジー島の岩の多い西海岸にあるグレイ砦は、最も保存状態のよい円形砲楼である。

ヴィクトリア朝時代の防御施設
Victorian defences

ひとつの島、ないし複数の島々を防衛するのに最善の策が、その周囲の制海権を掌握することなのは、自明の理である。事実、19世紀から20世紀初頭まで、イギリス海軍は世界最強の海軍だった。オルダニー島は、フランスの要塞化された港湾都市シェルブールからわずか32kmという、戦略的に特に重要な場所だったため、イギリス艦隊の停泊地建設計画の候補地に挙げられた。こうして北海岸のブレイ湾に巨大な防波堤が1847年から建設され始め、湾の防御用に砦と砲台も数箇所建設された。1864年に1.4kmにまで達した防波堤は、建設費が約150万ポンドに上り、安全維持のための保守作業も頻繁に必要な、高価な失敗事業であることが判明した。ジャージー島の東海岸のセント・キャサリンス湾でも、同様に2本の防波堤の建設工事が開始された。アーキロンデル塔が目印の南側防波堤の工事は、着工はされたが中止されたのに対し、全長約800mの北側のものは1847年に着工され、総工費約25万ポンドを費やして1855年に完成した。

ナポレオン敗北後の英仏関係は19世紀中、しばしば不安定になったものの平和が続き、1900年代の英仏政治協定へと結実した。この協定により英仏の友好関係は強化され、両国は第一次世界大戦でも同盟国軍に対し、連合国として立ち向かった。

空軍の誕生
Air power

件の大戦がもたらした技術的な成果のひとつに空軍の誕生が挙げられるが、これはチャネル諸島の戦略的立場に二つの大きな衝撃を与えた。第一に空軍の誕生は、築城術における多くの既存技術を時代遅れにしてしまった。第二にチャネル諸島からフランス本土までの距離の近さは、充分な空軍力を備えた軍事勢力が仏本土に基地を持てば、島々を完全に掌握できることを意味したのだった。

防衛施設の二大要素、保護施設と障害物のうち、前者は防空壕などの直接的な保護施設を建設すれば達成できた。しかし障害物となると問題は深刻で、せいぜい阻塞気球しかなかった。間接的な防御は地下化やカモフラージュでも達成できたが、守備側が反撃するには姿を現さざるをえず、直接的な防御力の低下が避けられなかった以上、航空攻撃に対する防御は、能動的なものと受動的なものを併用する必要があった。つまり、戦闘機隊による防御用の隠蔽されず目立つ飛行場と、それよりは隠蔽され目立たない対空砲陣地が必要になった。

両大戦間の経済低迷期、イギリス政府が出した結論ははっきりしたものだった。チャネル諸島はイギリスにとって戦略的価値がほとんどなかったため、軍事的理由からも海事的理由からも不必要な防衛への資金投入は停止された。同諸島では兵力削減がてきぱきと進められ、2個大隊いた駐屯部隊のうち、ジャージー島の1個は1920年代中盤に撤収されたが、ガーンジー島の1個は1939年まで残されていた。

オルダニー島で「2番目に強力なヴィクトリア朝時代の砦」と称されたトゥアーギス砦を東側から望んだ古写真。中～左の大型建物群はバラック兵舎で、右側の低い施設群は海側に面する防壁を形成し、クロンク湾を睥睨している。後年、この地区を利用してドイツ軍はStP（防御拠点）トゥルケンブルクを建設した。
(Courtesy of John Elsbury)

World War II

第二次世界大戦

ヨーロッパ西部における電撃戦

Blitzkrieg in the West

1940年5月10日金曜日未明、ドイツ軍の電撃戦が欧州西部で開始された。同日夕午後6時、イギリスではウィンストン・チャーチルが新首相に就任したが、彼はこの時のことを「運命の神と歩いているようで、これまでの自分の一生がこの瞬間とこの試練のための準備に過ぎなかったと感じた」と回想している。まさにそれは試練だった。1940年6月3日朝にダンケルクからの撤退が成功し、約33万5000人の英仏兵が救出された。6月10日にはイタリアが宣戦を布告。6月12日にパリは開城を宣言し、ドイツ軍は6月14日に同市へ入城した。6月16日にペタン元帥はフランス首相に就任直後、ドイツに休戦を求め、6月22日に休戦協定に調印し、続いてイタリアとも6月24日に休戦協定を結んだ。イギリスは孤立したが、さらに孤立無援だったのがチャネル諸島だった。戦時内閣は6月19日の会議でこの問題を取り上げ、参謀長は「現地の飛行場がフランスからの脱出に不要となったら、直ちに」兵力を全面的に撤退させるべきだと述べた。チャーチルはそんな処置は「虫唾が走る」と反対したが、戦闘機隊も対空砲部隊も派遣は「不可能」であること、チャネル諸島の自治政府が「能動的な防衛策は放棄せざるをえない」ことを自覚している事実を告げられると、意見を改めた。こうして完全撤退が開始され、1940年6月20日に最後の軍属が同諸島を後にした。民間人も脱出し、ジャージー島の住民5万人のうち約6600人が、ガーンジー島の住人4万2000人のうち1万7000人が島を去った。オルダニー島の住人はほぼ全員が去り、残留者はいくつかの資料によれば20人だけだったとされるが、別の資料では1人のみとされている。サーク島やハーム島を去った住人は、いたとしてもごく少数だったろう。

グリューネ・プファイル作戦

Grüne Pfeile

6月24日に国王ジョージVI世はチャネル諸島へ親書を送り、駐留部隊撤収の理由を説明したが、島民たちにとって不幸なことに、ドイツ軍にこの事実を公式通知すべき立場の人物は存在しなかった。防御の水準と能力を見定めるため、ドイツ空軍は6月28日に「武装偵察」と称して二度にわたり空襲を行なった。チャネル諸島の上陸占領作戦「グリューネ・プファイル（Grüne Pfeil=緑の矢）」の実施方法は、これらの空襲への反応によって決定されることになっていた。もし猛爆撃に対して反応がほとんどない、あるいは皆無の場合、同諸島の防御は丸裸と判断された。パリの南西、ヴィラクブレーに駐留していた第3航空艦隊所属のハインケル111爆撃機が、高度1000から2500mで爆撃を実施し、約180発の爆弾がセント・ヘリアとセント・ピーター・ポートで港湾施設と自動車の車列に命中したのが確認された。大規模な火災が発生し、目標が煙に包まれたのを見て、航空機搭乗員たちは燃料貯蔵タンクへの直撃を知った。この空襲で44人のチャネル諸島住民が死亡し、唯一の抵抗はセント・ピーター・ポート港内にいた1隻の船からの貧弱で不正確な対空砲火だけだった。

これで自信を得たリーベ＝ピーテリッツ大尉は、6月30日に単機でガーンジー島に着陸し、守備隊の存在しないことを証明してから帰投した。この快挙が報告されると、翌日から同島を正式に「占領する」ドイツ空軍兵の団体を乗せた航空機が何機も着陸することになった。同様にジャージー島は7月1日に、オルダニー島は7月2日に占領された。サーク島の占領は海から行なわれ、7月4日だった。

ゼーレーヴェ作戦とバトル・オブ・ブリテン
Operation Seelöwe and the Battle of Britain

イギリス軍がヨーロッパ大陸から追い出され、連合諸国は次々に降伏するなど、戦争の経過が順調だったため、当初チャネル諸島には大規模な要塞化工事はほとんど不要であると考えられていた。イギリスがヒットラーに降伏するのも間近かと思われていた。この問題について多少の議論があったにもかかわらず、イギリス政府は別の結論に到達した。チャーチルは国民に向けて7月14日にこう放送した。

「今や我々は攻撃に単独で臨み、暴君の軍勢や敵意がもたらす最悪の事態に立ち向かわねばなりません……我々は来るべき攻撃を、恐れることなく待つでしょう。それが訪れるのは今夜かも知れません。あるいは来週か。あるいは永久に来ないかも知れません……しかしこの試練が厳しい、あるいは長引く、またはその両方であろうとも、我々に降伏はありえず、交渉を甘受することもありません。我々は敵を哀れむでしょう——他の道はありえません」

だがヒットラーが「来るべき攻撃」に関する指令書、「指令書第16号、対イングランド上陸作戦に関する準備」をようやく提示したのは、7月16日だった。その冒頭の言葉は、注意深く選ばれていた。

「その絶望的な軍事的情勢にもかかわらず、イギリスが和平に応じる兆候すら示さないことから、私はイングランドに対する上陸作戦の準備と、必要な際にはこれを実行することを決定した。本作戦の目的は対ドイツ戦遂行基地としてのイギリス本土の排除であり、必要とあればこれを完全占領するものとする」

こうしてイギリス諸島上陸作戦「ゼーレーヴェ（Seelöwe＝アシカ）」の策定が開始された。総統は本作戦の準備は1940年8月中旬までに終了することと指定していたが、ひとつの必要条件、すなわち「海峡を横断するドイツ軍に対して強力な攻撃を実施できなくするべく、イギリス空軍を戦意面でも物的面でも弱体化させておかなければならない」ことが不可欠とされていた。8月2日付の指令書第17号は、この点を強調していた。

「イギリス総攻撃のために必要な条件を整えるべく、私はイギリス本土に対する航空攻撃と艦砲射撃を以前よりも徹底化することを決定した……ドイツ空軍はその持てる全戦力をもって、イギリス空軍を可能な限り速やかに撃滅せよ」

こうして火蓋が切られたのが「バトル・オブ・ブリテン」で、詳しく言えばこの戦いの終盤は、一般に1940年8月12日（アドラータークないし鷲の日）から9月30日までとされている。この大規模な空中戦は、主にイングランド南部の空を舞台に繰り広げられた。

7月19日に元帥よりも上位の階級である国家元帥に昇進したゲーリングはこの戦いの間、イギリス空軍の戦闘機隊をそのレーダー基地と飛行場もろとも撃滅しようとしていた。これが成功していれば、ドイツ空軍は制空権を掌握し、イギリス空軍は「海峡を横断するドイツ軍に対して強力な攻撃を実施できなく」なったことだろう。

ヒットラー、二正面戦争を決断
Hitler decides on a war on two fronts

歴史によれば実情は異なっていたとされるが、9月14日にヒットラーは、ゼーレーヴェ作戦のための条件はまだ整っていないと幕僚たちに告げ、9月17日に本作戦の無期限延期を命じた。イギリスがドイツ空軍に勝利したため手詰まりになった彼は、イギリスを降伏させるために別の戦略を考え出した。それはソヴィエト連邦の殲滅だった。その結果、「イギリス最後の希望」を打ち砕けると、彼は上級司令官たちに語った。ロシアを粉砕すれば、日本が全力でアメリカに対抗できるようになるのと同時に、アメリカのイギリス援助も妨げられるというのだ。米大統領がアメリカ海軍駆逐艦50隻のイギリス海軍への移籍を承認したのは、9月3日のことだった。この処置には多くの付加条件が付けられてはいたが、イギリスへの戦力補強が現実化する可能性を明確に示していた。実のところ敗北を免れて以来、イギリスの政策の目的は、合衆国を戦争のイギリス側に引き込むことがすべてだった。ヒットラーの戦略変更の背景にはイデオロギー的な動機もあり、これは『わが闘争』の内容を信じるなら、長年抱き続けてきた執念だった。ソヴィエト連邦への侵攻を承認する指令は、1940年12月18日に下された。こうしてヒットラーは主力部隊の矛先を180度転換し、背後にまだ屈服していない敵を残したのだった。この二正面戦争に敢えて踏み切るという、極めて不合理な決断は、とんでもない戦略的結果へとつながっていった。

占領統治と統治組織
Occupation government and organization

軍事的にはチャネル諸島は当初、陸軍第10軍団第216歩兵師団の支配下に置かれていた。同部隊は軍団司令部との無線通信網を速やかに確立し、物理的な兵站線も航空機で立ち上げた。だが海路での兵站線の確立は遅れ、占領から一週間後でも、チャネル諸島と本土との連絡は不充分なままだった。現地で問題だったのは、適当な船舶がなかったこと、また例え船が見つかっても、乗り組ませるべき経験豊富な船員が不足していたことだった。またフランス本土で寄港可能な二つしかない港、シェルブール港とサン・マロ港と、同諸島を結ぶ航路の防御が充分かという懸念もあった。陸軍総司令部は、本諸島の占領部隊にはイギリス軍が仕掛けうるいかなる攻撃にも耐えられるだけの戦力が必要であるとしていたが、先日ヨーロッパ大陸から追い出されたばかりの英軍が混乱状態にあるのは間違いなかったため、その攻撃は大した規模には至らないと考えられていた。揚陸能力がなければ、持ち込めるのは軽火器と軽機材だけである。それでも7月4日にはジャージー、ガーンジーの両島で、高射砲陣地が運用を本格的に開始し、オルダニー島にも小部隊が配置された。

占領の第一段階は、1940年8月にチャネル諸島の統治権が陸軍から、（仏本土の）マンシュ県のサン・ジェルマンに本拠を置くA軍管区内の下部地区のひとつに移された時点で終わった。この体制の下、フェルトコマンダントゥーア（Feldkommandantur/FK=前線司令部）515が設立され、チャネル諸島全域を担任することになった。この組織自体はパリの軍総督の下に位置し、最終的にはOKH=陸軍総司令部に隷属していた。1940年8月9日にFK515の司令部がジャージー島に設置され、同時にドイツ語で補助基地を意味

するネーベンシュテレがガーンジー島に設けられたが、これはサーク島も担当していた。オルダニー島にはアウセンシュテレ（最前線基地）が、フランスのグランヴィルにはツーフールシュテレ（物資補給所）が設けられた。FK515の職員の多くは徴用された民間人で、その業務はチャネル諸島を効率的に支配することだった。組織のモデルを占領フランスに倣ったFK515は、既存の民間行政機関を統制するとともに、幅広く利用していた。FK515の業務は、チャネル諸島の行政の監督、秩序の維持と安全保障だった。

1940年8月初旬、ドイツ軍のチャネル諸島占領直後に撮影された、ガーンジー島のセント・ピーター・ポートの航空写真。いつも混雑していた港に、ほとんど船がいないのに注意。(Courtesy of John Elsbury)

ドイツ国防軍は、中央に統合総司令部（OKW＝国防軍最高司令部）を頂いていた。国防軍はチャネル諸島の軍事的安全保障に関与し続けており、特にヒットラーが島々の恒久要塞化を決定したことにより国防軍の戦力が増強されてからは、FK515と摩擦が生じたのはまず間違いないだろう。国防軍最高司令部の下には三軍の総司令部――陸軍総司令部、海軍総司令部、空軍総司令部が置かれ、さらに問題を複雑にしていた。これらの三軍の軍規、指揮/補給系統はまったく別個のものだった。

「チャネル諸島を不落要塞にせよ」――アードルフ・ヒットラー
'Convert them into an impregnable fortress' —— Adolf Hitler

1941年6月22日にソヴィエト連邦侵攻作戦「バルバロッサ」が開始されたが、ヒットラーはドイツ軍の大半がソ連軍と戦っている最中に、背後からイギリス軍に攻撃されるのを恐れていた。この問題は、侵攻前から彼の心を悩ませていた。彼は6月2日の時点におけるチャネル諸島の防備が記入された地図を取り寄せて検討し、現状では不充分であると結論した。さらにヒットラーは、本諸島は戦争の終結後もドイツの手中に残っていなければならないと主張した。ヒットラーの命令により、戦車部隊の増援を得た第319歩兵師団がチャネル諸島に派遣されたのは、防衛力強化計画の書類が提出されたのと同時だった。当地は総統の考えによれば、絶対に死守すべき領土であり、それを踏まえて1941年10月20日に彼は、「英領チャネル諸島の要塞化と防衛」に関する布告を発表した。

「我が軍が占領している西ヨーロッパ地域に対するイギリス軍の作戦は、以前とは全体的に異なっている。しかし東部戦線に全力を傾注している現在、政治とプロパガンダに利用されることから、小規模の作戦には常に警戒し続けなければならない。特に我々の海上の交通路の守りにとって重要な、チャネル諸島の領有権奪還には注意が必要である。

「チャネル諸島の防衛部隊は、イギリス軍の侵攻作戦が海と空のどちらからか、あるいは海空同時かにかかわらず、上陸が成功する前に攻撃を退けなければならない。敵が夜闇や悪天候に乗じて奇襲上陸をかけてくる可能性を、決して忘れてはならない。防御力を強化するための緊急対策はすでに検討中である。チャネル諸島に駐屯する全軍は、空軍を除き、同諸島の司令官の指揮下に置かれる。（可能な限り速やかに）チャネル諸島を不落要塞とするため、同諸島の恒久要塞施設建設に関し、以下の命令を下す。

「陸軍総司令部は、防御施設全般の建設を担任し、海軍および空軍用の施設建設計画にも全面的に協力する。防御施設の強度と配置については、西方防壁の方式と、その建設から得られた実地経験に倣うものとする。

「陸軍は速やかに以下のものを整備すること。上陸用舟艇から揚陸される戦車に対する防御として、可能な限り遠方を側射でき、充分に掩蔽防御された（100mmの装甲板を貫徹可能な規模の砲を収容できる）陣地の緊密なネットワーク。機械化部隊分遣隊と装甲車部隊のための配置用施設。海軍および空軍用のものを含め、大量の弾薬を備蓄可能な弾薬庫。防御体制への地雷原の導入。必要と思われる建造物数は、必ず報告すること。

「航路の保全のため海軍は、最大の重砲を備えた砲台をガーンジー島の1箇所、フランス沿岸の2箇所と、3箇所運用すること。さらに陸軍の協力によって、海軍が海上目標の射撃に適した軽/中の沿岸砲台を同諸島および仏本土に将来的に得れば、（サン・マロ）

オルダニー島のブリューヒャー砲台に属したある陸軍営区には、15cmカノン砲18型（K18）が4門配置されていた。K18は同口径の旧式砲K16を更新するため、1933年に開発された陸軍の重野戦砲である。しかし残念なことに本砲は前型よりも重量が増加し、移動時には二分割しなければならなかった。そのため本砲は写真のような固定運用向きと考えられた。本砲は露天砲座内のターンテーブルに設置され、射程は約24.5kmだった。ブリューヒャー砲台は、1944年9月12日に巨大な砲撃力をもつ英海軍戦艦HMSロドネイから砲撃を受けた。砲撃はシェルブール沖からで、その32kmの射程を撃ち返せる砲はなく、戦艦から発射された16インチ（40.64cm）砲弾約72発により砲兵2名が戦死し、発生した損害は11月まで復旧されなかった。(Courtesy of Alderney Museum and Mrs. Patricia Pantcheff)

湾全体の防御が達成されるだろう。
「空軍が使用するため、探照灯を備え、全重要施設の防御に必要な防空部隊を配置するのに充分な防御拠点が確立されること。
「建設工事には外国人労働者、特にロシア人、スペイン人、ならびにフランス人をあてるものとする。
「島民でないイギリス人、すなわちチャネル諸島生まれでない者の大陸への島外追放に関する命令は、追って下す。防御施設建設の進捗状況は、国防軍最高司令部総統幕僚本部L課気付、陸軍総司令官を通じ、毎月1日に私に報告すること」

チャネル諸島の防御施設は、大西洋防壁の一部を形成するだけのはずだった。大西洋防壁はノルウェーからスペインにまで延びる、コンクリートと鋼鉄で築かれた防衛線だった。チャネル諸島は、全体からすればごく一部分に過ぎなかったが、その比率には不相応な量の資源がつぎ込まれた。資料によっても異なるが、防壁全体に費やされた資源の総量のうち、10ないし12%までがチャネル諸島で消費されたといってもまず過言ではない。

ヒットラーによる「不落要塞」の建設は、ドイツ軍が行なったチャネル諸島要塞化の3段階のうち、第2段階に相当する。第1段階は、占領直後のごく軽微な陣地工事である。港と飛行場を防御する対空砲座、そして重要地点には大抵旧時代の防御施設を利用した前哨基地（Feldwache）が設けられた。これらは砲座や掩蔽壕の追加により、現代戦への適応が図られた。木材や波板鉄板で補強されたタコツボや塹壕も設置されたが、これ

ガーンジー島、シュトラースブルク砲台の2層式司令部ブンカーの平面図。全海軍砲台のライトシュタント（Leitstand）ないし指揮所は基本的に設計が共通で、オルダニー島の1層型（M120型）と本砲台とロートリンゲン砲台の2層型（132型）があった。輪郭線が船に似ており、いかにも海軍による設計らしい。(Courtesy of Michael Collins)

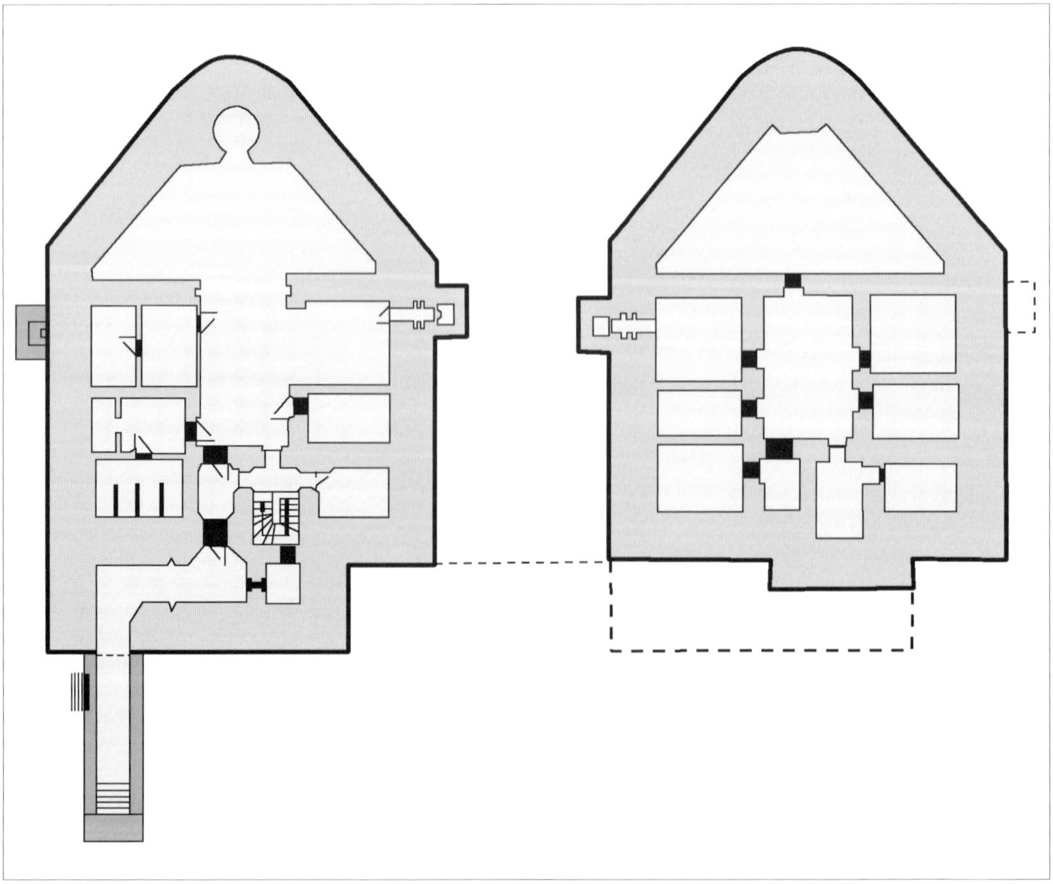

ジャージー島の復元されたロートリンゲン砲台の砲座の1998年のようす。ロートリンゲン砲台は海軍がチャネル諸島に設置した3箇所の砲台のうちのひとつで、1870～71年の普仏戦争で獲得された領土の名を与えられていた。当時のドイツ帝国にエルザス=ロートリンゲン地方として併合されたのは、シュトラースブルクとなったストラスブールのあるアルザス地方全土と、ロレーヌ地方の大部分だった。備砲は4門の15cm SKL/45で、うち1門は砲塔式、3門は写真のような10cm装甲シールドつきだった。解放後に基地は武装を撤去され、砲身のうち2本がレ・ランデの崖から投棄された。1本は1992年に回収され、修復された第1砲座に再び設置された。(Courtesy of Michael Ginns)

らの陣地は占領軍が現地調達した資材を使って、素人工事で作ったものだった。1941年3月から沿岸砲台と強化野戦陣地という半恒久的な防御施設の工事を皮切りに、こうした防御施設の増強が開始された。

開戦前から海軍はドイツ国内の沿岸防衛を担任していたが、その範囲は1941年3月からチャネル諸島にも拡大された。こうして第604海軍砲兵大隊（MAA）の本部がガーンジー島のセント・マーティンに設立され、主要各島で砲台の建設が開始された。それがガーンジー島のシュトラースブルク砲台（22cm砲×4門）、ジャージー島のロートリンゲン砲台（15cm砲×4門）、オルダニー島のエルザス砲台（17cm砲×3門）である。これらの砲台は1942年5月に運用が開始された。陸軍も沿岸砲台と対空陣地を建設していたが、全般的に沿岸砲台運用を受け持つのは海軍総司令部の指揮下にある海軍であり、全般的に防空任務を担任するのは空軍総司令部の指揮下にある空軍のはずだった。

守備隊員の大多数は海軍や空軍の兵士ではなく陸軍兵で、占領フランスに駐留していた軍団、軍、軍集団の司令部の指揮下に属していた。1941年7月から第319歩兵師団が守備隊として配属され、終戦までその任にあったが、同師団が要塞任務を開始したのは1941年末からだった。同師団の員数が多かったため、沿岸防衛任務はドイツ陸軍に割り当てられることになり、1943年初めに第1265陸軍沿岸砲兵連隊（Heeres Küsten Artillerie Regiment/HKAR）ないしHKAR 1265が編成された。HKAR 1265はその任にあたり、入手できる装備で防御力の強化に役立つものは何でも利用したため、多くの種類の武器を装備することになった。その大半は鹵獲品で、製造年代と製造国はまちまちだった。

陸軍の射撃目標は移動しないものが多かったのに対し、海軍の目標は移動するものが多かったので、沿岸射撃のための砲術を陸軍兵たちに習得させる必要が生じた。バルト海沿岸のスヴィーネムンデとフランス南部のベズィールにあった海軍砲術学校だけでは足らず、海軍の指揮と指導の下、ルーゲンヴァルデとフランス南部のセートに陸軍の訓練施設が設立された。陸軍の沿岸砲射撃は通常、海軍の指揮のもと、海軍の射撃手順に則して行なわれた。

ヒットラーはそれでも満足せず、先述した砲台や陣地の建設工事の最中も、ドイツ陸軍の築城工兵本部（Festungpionierstab）が本諸島の戦術的/技術的視察を実施していた。その結果が1941年10月20日付の決定だった。こうして始まったのが第2段階で、必要な労働力はトート機関（Organization Todt=OT）の外国人労働部隊から確保されたが、その内訳は志願者、徴募者、そして強制労働者だった。トート機関長官フリッツ・トート博士は、1933年に初めてヒットラーと出会ったが、当時ヒットラーは首相に選任されたばかりで、自らが立案した「帝国自動車道路計画」を実行に移す人材を探しているところだった。計画はトートの手に委ねられ、彼はドイツ道路建設総監となった。トートの指示に対する反対意見はヒットラーによって一蹴され、トートは広範な権限を与えられて、ヒットラー本人のみに従っていた。こうした特徴は、第三帝国の（恣意的な）統治下で設立された競合的・敵対的な公的機関に共通していた。同じような方法を繰り返しながらトートは自分の組織を拡大し、OTは巨大な労働者調達網の統括機関となり、民間建設業者にも労働力を提供できるようになった。FK515の職員同様、そのドイツ人職員は民間人で、軍律の下に置かれてはいたが正規軍に準じた地位にあり、軍事施設への立ち入り権限を与えられていた。

要塞化の第3段階は、建設工事面から見ると全体的に不振だった。これは本段階が始まったのが、1943年の大西洋防壁建設の本格化に伴い、建設労働者の大部分が転出した後だったためである。

ジャージー島のモルトケ砲台では、付近のレ・ランデの崖から投棄された砲の部品を使って、砲座が復元された。この砲は15.5cm K418(f)で、設置されていた4門のうちの1門である。この砲はもともと第一次大戦中に製造されたもので、1940年に鹵獲された。(Courtesy of Michael Ginns)

Anatomy of an 'impregnable fortress'

「不落要塞」の分析

ヒットラーはチャネル諸島の防御施設は「西方防壁」(Westwall/ヴェストヴァル)に倣うことと指示したが、これはジークフリート・ラインの名で広く知られ、特にそれに俺たちの洗濯物を干してやると広言していたイギリス兵に知らぬ者はなかった。1936年のラインラント再武装直後に建設された西方防壁は、ナイメーヘン(蘭)近郊のクレーフェからスイスに向けて、オランダ、ベルギー、ルクセンブルク、フランスと接するドイツ国境沿いに500km近く延びていた。建設工事は数々の段階を経て進められ、防御の縦深性と全長を増しただけでなく、各防御施設自体の性能も向上していた。西方防壁の整備における二つの大きな段階、リーメス計画とアーヘン=ザール計画は1938年に実施された。1936年から1940年にかけて、約17000基のブンカー型施設が建設され、約15万人の人員(大半がOT)と900万トン以上の資材が投入されたが、この事業はドイツの人的・物的資源を大量に消耗した。実のところ西方防壁は、その後も続いた防御施設の諸建設事業と同様、他の用途に使用すべき資源を呑み込む巨大な「底なし沼」だった。

西方防壁には縦深防御理論が導入されており、相互に援護しあうブンカー群により縦深防御を達成していた。事実、アメリカ陸軍が1944年末から1945年初めに本施設を攻撃した時、その戦闘は「対トーチカ戦闘」と形容された。ブンカーにはその建造強度(Baustärken)別に各種の等級が存在していたが、これは基本的には建設に使用するコンクリートおよび/ないし装甲板の厚さによるものだった。最も強度が高かったのは、1939年に「A」および「B」種として導入された「100」シリーズの「標準要塞型」だった。「A」種は厚さ2.5～3mの鉄筋コンクリート製の壁と天蓋を持っていたのに対し、「B」種では厚さ1.5～2mだった。これらは「400」、「500」、「600」シリーズによって更新されたが、シリーズ名の変化は必ずしも強度の向上を意味していなかった。例えば「400」シリーズは、1938年のズデーテンラント併合後に鹵獲されたチェコスロヴァキア製の武装を組み込むために設計されたものだった。ヒットラーの命令によってチャネル諸島に建設された建造物の大部分は、厚さ2mの鉄筋コンクリート製の標準要塞型B種と、「600」シリーズの派生型だった。沿岸防御用と判断できるものもあるが、本来の用途が推測できないものもある[原注1]。しかし西方防壁と同様、それらは個々は独立運用される陣地の相互援護グループとして設計されたため、連絡路は通常設けられていなかった。

総統は、海軍や空軍用の防御施設も含むすべての防御施設の建設を指揮するのは陸軍総司令部とすると指示していた。しかし少々紛らわしいことに、海軍と空軍も独自の命名法と設計法を確立していた。海軍はその建造物の名称に、例えば「M」(Mittlere=中)または「S」(Schwere=重)などの字を冠していたが、これは建造物の強度基準とは関係なく、用途に関する符号だった。防空掩蔽壕には「FL」(Flak=対空砲)、応急手当所/司令部ブンカー/レーダーないし無線施設には「V」(Versorgung=支援、補給)の符号が与えられていた。海軍製の建造物ではコンクリート厚が1.20～2.20mとまちまちで、ひとつの建造物をとってもこの範囲内での厚さのばらつきがあった。空軍も独自開発の建

[原注1]:紙面の都合により、設計・建設されたブンカーの種類/シリーズ種別の一覧は掲載できなかった。興味のある方は、参考資料の項に示した本件に関するウェブサイトをご参照いただきたい。

造物に文字を冠していたが、こちらは「L」の1文字だけだった。当初空軍は、1938年に陸軍が作成した古い設計法を採用していたが、のちに自前のシリーズを開発した。

ヒットラーは1941年10月20日の指令書で、彼が要求する防御施設と、それらを担任する軍種について指示している。

「陸軍は……上陸用舟艇から揚陸される戦車に対する防御として……可能な限り遠方を側射でき、充分に掩蔽防御された陣地の緊密なネットワーク（を担任する）」

海軍は、ガーンジー島の「最大の重砲を備えた砲台」および海上目標の射撃に適した「軽/中の沿岸砲台」などの沿岸砲台を運用しなければならなかった。空軍の部隊がこれらのすべてを航空攻撃から防御するため、「探照灯を備え、全重要施設の防御に必要な防空部隊を配置するのに充分な防御拠点が確立されること」とされた。さらに陸軍は、以下の建造物のすべても建設しなければならなかった。

「機械化部隊分遣隊と装甲車部隊のための配置用施設。海軍および空軍用のものを含め、大量の弾薬を備蓄可能な弾薬庫。防御体制への地雷原の導入」

施設建設の全貌についてはマイケル・ジャインズ（Michael Ginns）によって詳しく解明されているが、彼が研究しているのはチャネル諸島のうち1島だけであることは、特記しておくべきだろう。

「1943年11月の時点で、築城工兵隊がジャージー島に計画していた232基ものコンクリート製建造物の内訳は、以下の通りである。歩兵用施設99基、海軍沿岸砲台用施設81基、陸軍沿岸砲台用施設7基、空軍用施設4基、通信用施設31基、その他の施設10基。1944年6月になると、合計計画数は213基に減少し、うち154基が完成済み、さらに28基が建設中と記録されている。つまりDデイ以降、外国人労働部隊の大部分が転出したにもかかわらず、1944年末までに計182基のコンクリート製建造物が実際に完成されたのだった……この合計数には強化野戦陣地や陸軍工兵大隊が建設したものは含まれていないので、それらを加えれば、占領軍によって建設されたコンクリート製建造物の総数は300基前後となる……さらに忘れてはならないのは、（計画された8200mのうち）総延長7397mの対戦車壁が建設され、トンネル群の内部には当初の計画の18000㎡をはるかに超える23495㎡の地下倉庫が設けられたことだろう」

西方防壁と同様これらの防御施設の目的は、海からであれ空からであれ、そして最も可能性の高いその両者であれ、あらゆる形態の敵攻撃に対して総合的に反撃を行なうことだった。しかし西方防壁と異なっていたのは、地理的面積が狭かったため、縦深防御がほとんど達成不能である点だった。

イギリスとフランスとの位置関係に注意して全チャネル諸島を見れば、強力な空軍力を備え、フランス本土を掌握した敵軍が同諸島を支配し、島々とイギリスとの補給路を断てるのは明らかである。1940年のフランスとナチスドイツとの休戦協定締結後の状態が、まさにそれだった。

ミールス砲台

ガーンジー島の北西海岸、ル・フリエ・ベートンに位置するミールス砲台は、チャネル諸島に設置される予定の砲台中、砲の口径が最大だった。4箇所の砲座には、それぞれ専用の弾薬庫、工廠、72名の砲要員用の居住施設などが併設されていた。各砲座には、単装装甲砲塔に収められた30.5cm砲が設置されていた。

第1砲塔と第3砲塔は小屋に擬装され、第2砲塔と第4砲塔は擬装網で覆われていたが、図では第2砲塔の擬装網は省略してある。基地の敷地は周囲とは区画され、有刺鉄条網と連続した地雷原による防御が施され、入口が2箇所設けられていた。主入口は、図では下方にあたるレ・ペイザンス・ロードに面しており、東側の入口はヴェストマルク強制収容所のバラック建物群のすぐ近くにあった。西側の(主)入口のすぐ内側には駐車場、衛兵所、石造りの農家があり、管理事務所になっていた。砲台の測距設備は、この入口の施設群から見て北側にあった大型建造物内に設けられていた。ライトシュタント(司令部ブンカー)は大部分が地下にあり、光学測距儀と観測キューポラだけが地上に出ており、擬装材に覆われていたが、ヴュルツブルク・レーダー施設のアンテナは擬装網でも隠しようがなかった。9箇所の2cm軽対空砲座が砲台を防御していたが、うち7箇所は基地敷地内にあり、2箇所は敷地外にあった。3基の弾薬貯蔵ブンカーは、本基地の他のブンカーの大半とは異なり、地上に建設されていたが、切妻屋根つきの住宅に擬装され、偽物の窓やドアまで設けられていた。対歩兵防御施設としては、コンクリートで補強された銃座が17箇所ほどあり、うち5箇所には迫撃砲が、残りには機関銃が設置されていた。記録によれば、砲台の基地敷地内には、さらに3門の野砲が配置されていたという。

ドイツ軍制式名称：30.5cm SK C/14 in S-Gerüst C/14; 30.5cm K14（r）;30.5cm K（E）626（r）
本来名称：305mm海軍砲1914年型
口径：305mm
砲身長：（L/52）：15818mm
砲重量：49000kg
旋回角度：360°
仰俯角度：－2°～+48°
初速：軽砲弾：1020m/秒
重砲弾：825m/秒
砲弾重量：軽砲弾（榴弾）：250kg
重砲弾（榴弾または徹甲弾）：405kg
最大射程：（軽砲弾）：38000m
（重砲弾）：28000m

ガーンジー島：主要防御施設

防御拠点
1 ランゲンベルク
2 ライヒエンベルク
3 ローテンシュタイン
4 グロースフェルズ
5 クレーエンネスト
6 マルシェン
7 ネーベルホルン
8 タールフェステ
9 ハーフェンシュロス
10 イーカルト
11 ラーベンシュタイン

抵抗巣
1 オーバー・ヴェストベルク
2 ウンター・ヴェストベルク
3 カイザー・ホーフ
4 グラウアー・トゥルム
5 エルシュテルネスト
6 ダッハスバウ
7 グリューネ・デューネ
8 フェルズクッペ
9 ベルレベルク
10 クロッセン
11 マルゲン
12 ルントブフト=ミッテ
13 ハイリンゲンベルク
14 ケーニッヒスミューレン
15 ガーベルスベルク
16 ルントトゥルム
17 レーヴェンフェルス
18 コーボフェルス
19 コブファー
20 ボーティンファー
21 フィッシャーブルク
22 ウメ
23 シュピッツブンクト
24 ガーレン
25 ゴルフヴェルク
26 ドーレンフェルス
27 ドーレントゥルム
28 シュヴァルツェンベルク
29 ビールミューレ
30 ガルゲンベルク
31 ボルドーハーフェン
32 クレーフェルベルク
33 リヒャルトゼック
34 シェーンブフテ=ミッテ
35 ゲモイル
36 ベーテルゼック
37 ナウマン高地
38 ハーフェンレゼーヴェ
39 ノルトモーレ
40 ヴィクトリア埠頭
41 アルバート埠頭
42 ヘイヴレット湾
43 モデルハーフェン
44 トゥネル
45 フェルメンブフト
46 カレー
47 ハイリゲンブフト
48 ラ・フォッセ
49 クラインシュタット
50 ニコラウス
51 グリューネ・ブフト
52 ファールス
53 シュッツェンホーフ
54 ヴェストベルク・リーゲル

8.8cm高射砲陣地
1 ラーベンシュタイン
2 ハイリゲンベルク
3 ガーベルスベルク
4 レ・ウリュー
5 カペレンドルフ
6 ドルメン

海軍砲台方位測距塔
（Marine Peilstand und Meßstelle/MP）
1 MP1
2 MP2
3 MP3
4 MP4
5 MP5

トンネル施設
（Hohlgangsanlage/Ho）
1 Ho 12
2 Ho 7/Ho 40
3 Ho 2
4 Ho 1

砲台
1 ドールマン
2 ラデツキー
3 ミールス
4 シャルンホルスト
5 バルバラ
6 リノツェロス
7 マムート
8 エレファント
9 グナイゼナウ
10 シュタインブルフ
11 シュトラースブルク
12 ナウマン高地
（港湾防御用10.5cm K331(f)×4門）

司令部
1 タンネンベルク
2 セント・マーティン

オルダニー島：主要防御施設

防御拠点
1 トゥルケンブルク
2 ローゼンホーフ
3 ヴィントミューレンベルク
4 クヴェレンベルク
5 ヨーゼフスブルク
6 ズュートハーフェン
7 シールホーフ
8 グラウエ・ヘーザー
9 ビーベルコプフ
10 シュタインブルフ
11 フンマーフェステ

司令部
1 ホー=ヘーエ（ホフマン高地）

抵抗巣
1 シュタインフェステ
2 テレグラフェンブフト
3 ミューラーホーフ
4 フルークプラッツまたはズュート
5 ドーレンフェステ
6 ハーフェン
7 ガースヴェルク
8 シャインヴェルフェアハルデ
9 ローター・ハウス
10 ビラーテンシュロス
11 ウンターエセックス
12 アイラントフェステ
13 シュトラントフェステ

8.8cm高射砲陣地
1 バイル
2 ヴィントミューレンベルク
防御拠点に編入
3 ヴィルベルベルク
4 145高地

海軍砲台方位測距塔
（Marine Peilstand und Meßstelle/MP）
1 MP1

空軍司令部
1 「給水塔」

トンネル施設
（Hohlgangsanlage/Ho）
1 Ho 6
2 Ho 5
3 Ho 2
4 Ho 1

砲台
1 アンヌ
2 ブリューヒャー
3 エルザス
（マルクスとも：港湾防御用10.5cm K331(f)×4門）

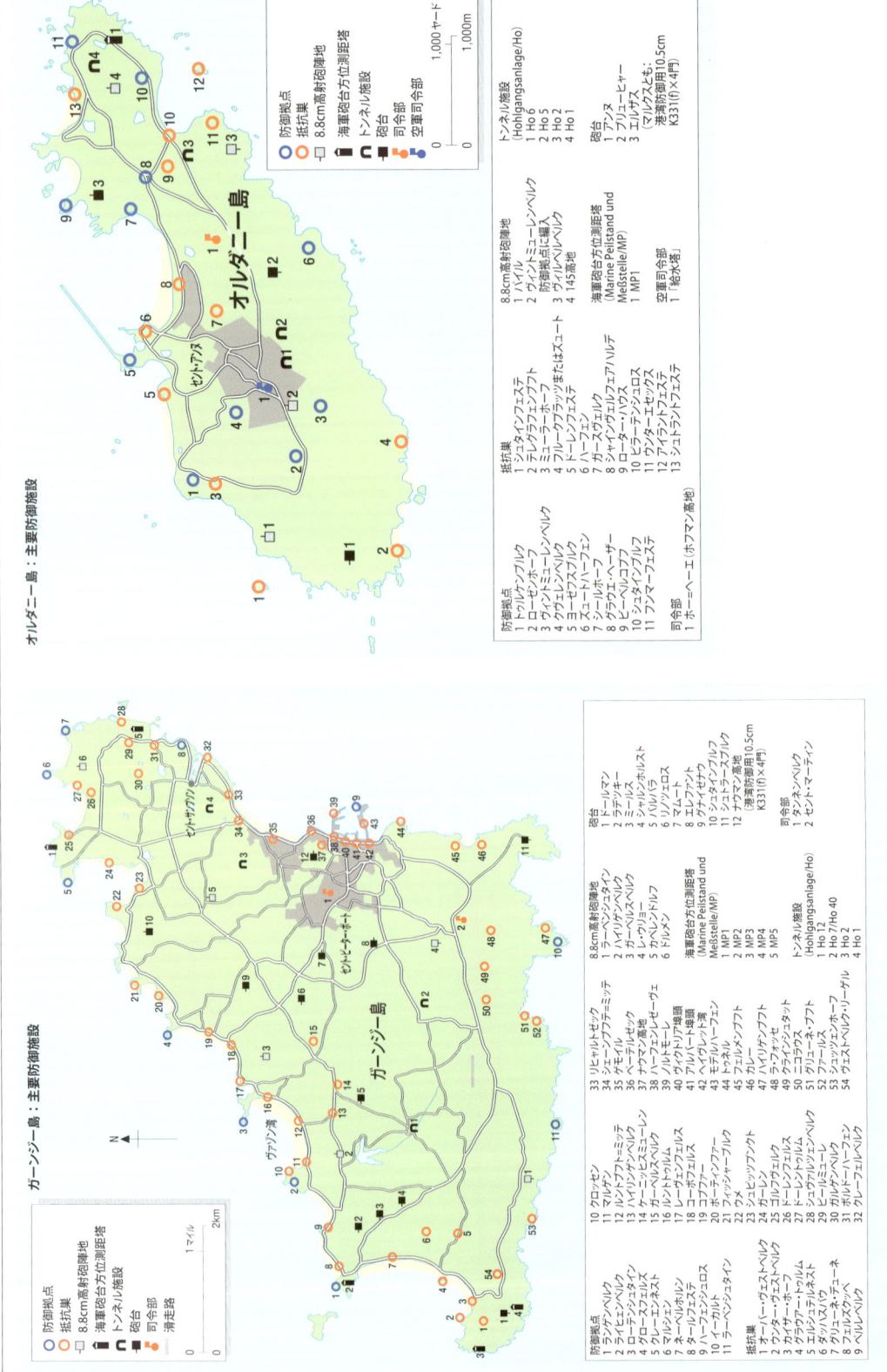

ジャージー島：主要防御施設

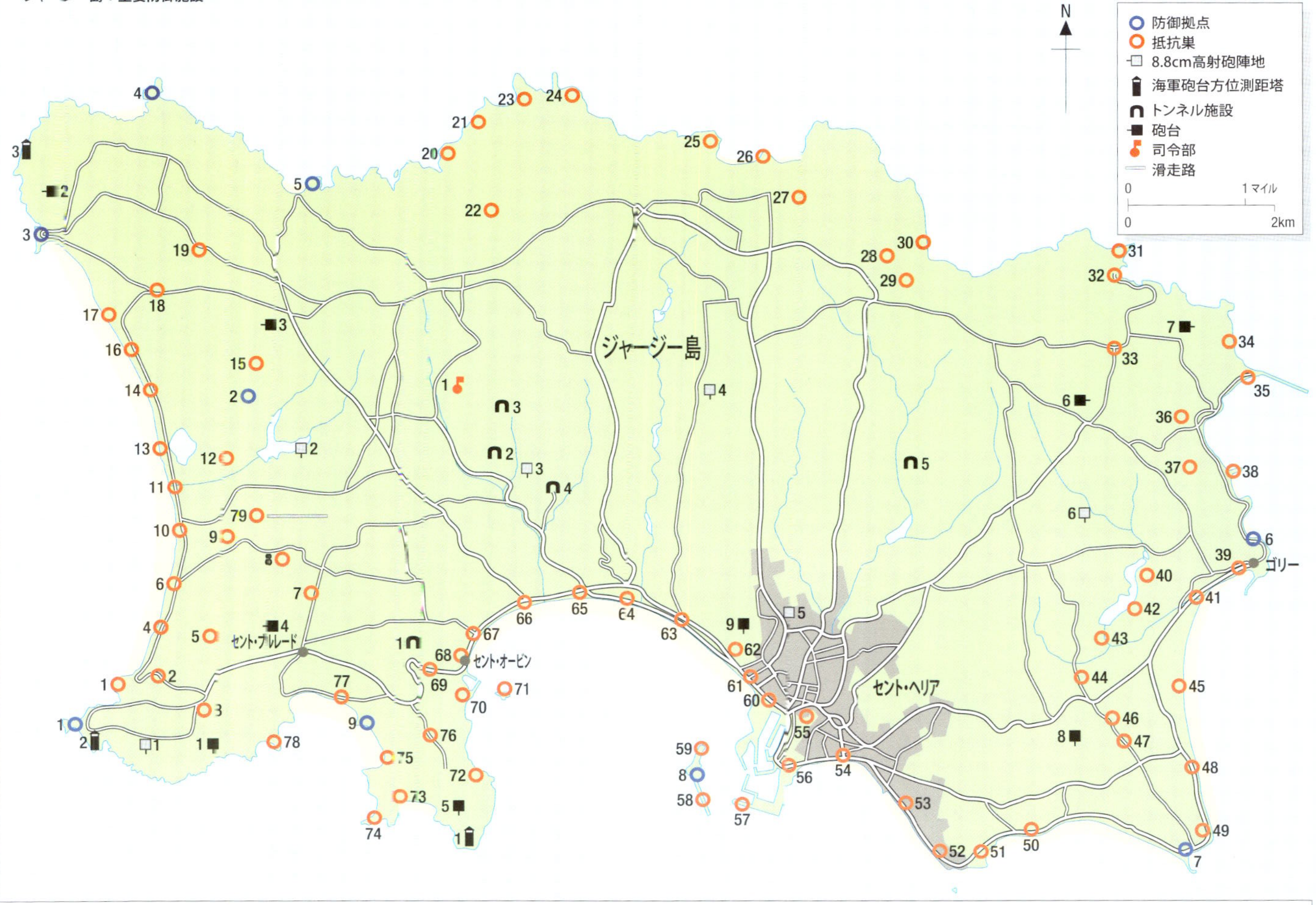

防御拠点
1 コルビール
2 ドクトルハウス
3 エタケレル
4 ブルモン
5 グレーヴ・ド・レク
6 ヴィクトリア・タワー
7 ラ・ロック
8 エリザベス城
9 ル・グリン

抵抗巣
1 レリエール
2 ブラント
3 モイェ
4 カリエール
5 201高地
6 ブレイユ
7 266高地
8 デュン
9 247高地
10 シュテブスブンクト43
11 ブフト
12 メア・ヒル
13 ハイ・タワー
14 ケンプト・タワー
15 ヴィル・オ・バ
16 クラビール
17 ルイス・タワー
18 ラ・ティボー
19 モーヴィル・ハウス
20 ファレーズ
21 ムリエール谷
22 ジュト
23 ソレルA
24 ソレルB
25 ボン・ニュイ・ハーフェン
26 ボン・ニュイ砦
27 ジャスミーン
28 ブーリー・ホテル
29 ブーリー・オーベン
30 ブーリー・ハーフェン
31 ローゼル砦
32 ローゼル・ハーフェン
33 ローゼル館
34 フリケ
35 ヴァークラット防波堤
36 パレレ1
37 パレレ2
38 アーキロンデル砦
39 ゴリー・ハーフェン
40 212高地
41 ウィリアム砦
42 190高地
43 カティロン
44 プール
45 ヘンリー砦
46 ウッドランズ
47 ヴァークラット
48 ウレル
49 ラ・ロック
50 ラ・オック
51 モトB
52 モトA
53 グラン・シャリール
54 ブラージュ
55 リージェント砦
56 ズュートフォルト
57 ヴィクトリア埠頭
58 エリザベス城南
59 エリザベス城北
60 リヒ・フォイアー
61 グランド・ホテル
62 パヴィリオン
63 ファースト・タワー
64 ミルブルック
65 ベル・ロワイアル
66 サード・タワー
67 ラ・オール
68 オービン駅
69 オービン・オルト
70 オービン・ハーフェン
71 オービン砦
72 ノワールモン館
73 ボーレ
74 ル・コレ
75 シュムグラートルフ
76 ブレレーズ
77 ボー・リヴァージュ
78 バッテリー
79 ペーターズ・パラッケン

8.8cm高射砲陣地
1 ラ・モイ岬
2 メッツ砲台（標準要塞型）
3 レ・ジェレット
4 モン・ゲイヴィー
5 クィーンズ・ロード
6 セント・マーティン

海軍砲台方位測距塔
（Marine Peilstand und Meßstelle/MP）
1 MP1
2 MP2
3 MP3

トンネル施設
（Hohlgangsanlage/Ho）
1 Ho 5
2 Ho 1
3 Ho 6
4 Ho 8
5 Ho 4

砲台
1 ローン
2 モルトケ
3 ルーデンドルフ
4 ヒンデンブルク
5 ロートリンゲン
6 マッケンゼン
7 ヘスラー
8 シュリーフェン
9 エントラース
（港湾防御用10.5cm K331(f)×4門）

司令部
1 ケルンヴェルク

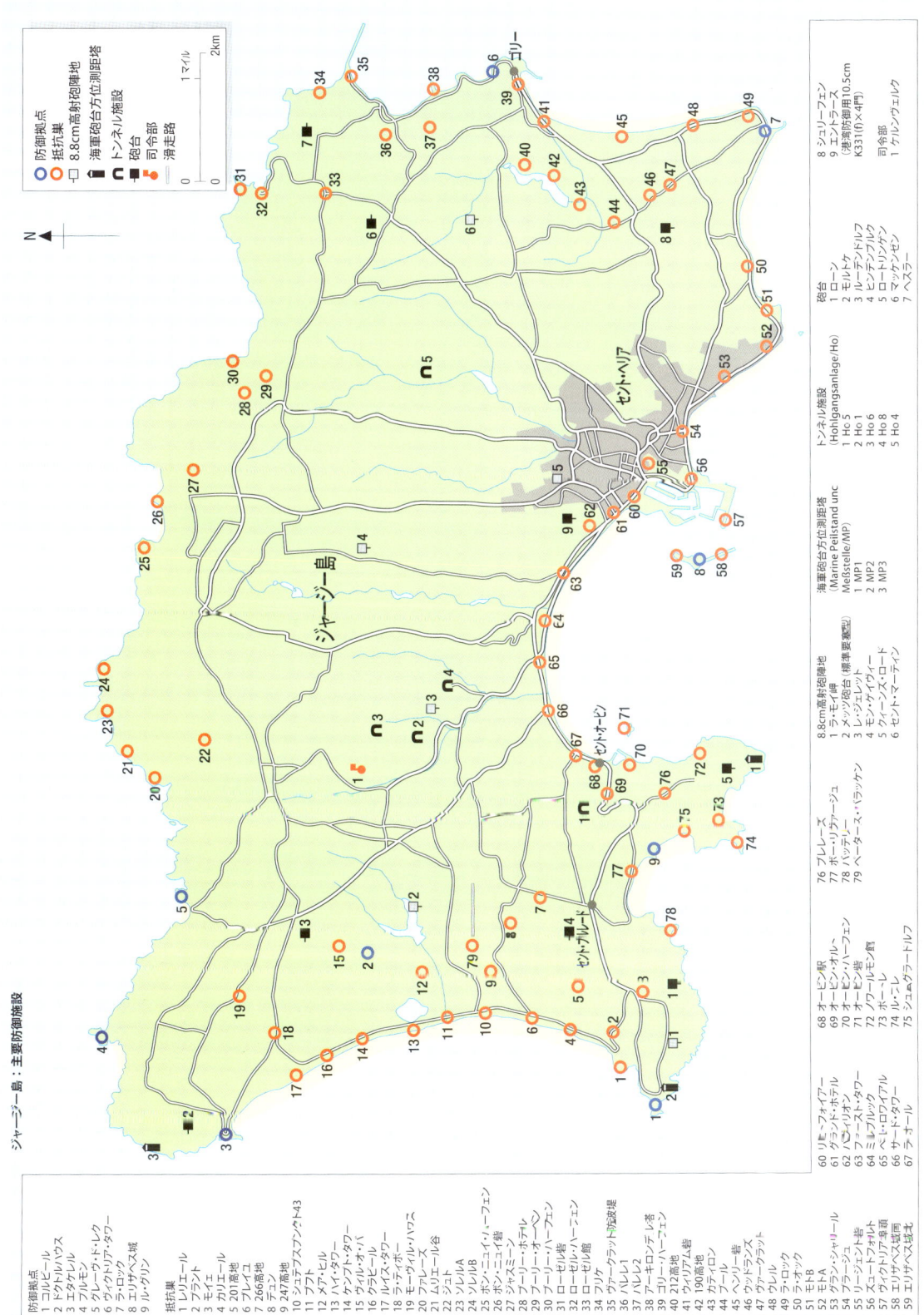

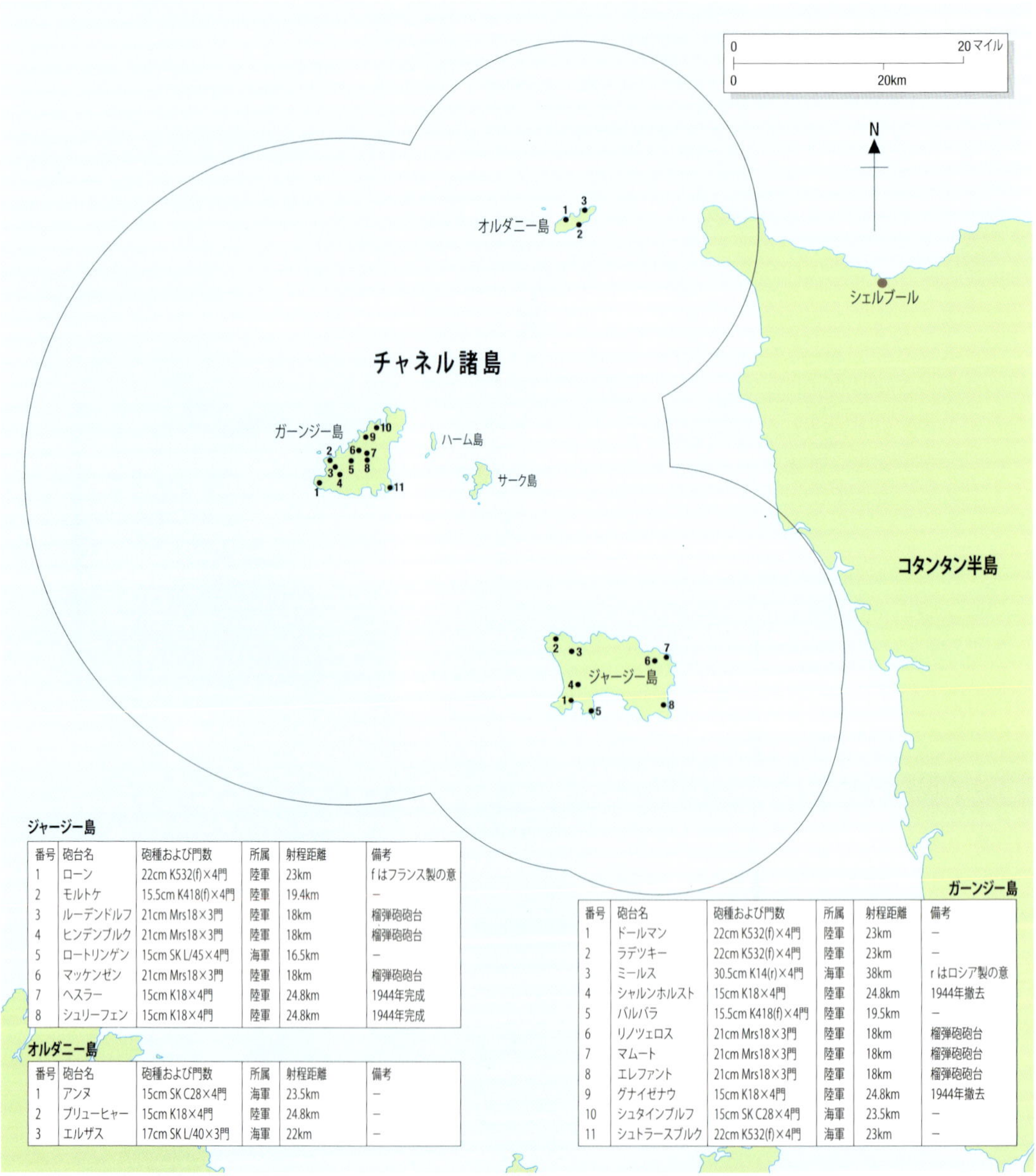

ジャージー島

番号	砲台名	砲種および門数	所属	射程距離	備考
1	ローン	22cm K532(f)×4門	陸軍	23km	f はフランス製の意
2	モルトケ	15.5cm K418(f)×4門	陸軍	19.4km	–
3	ルーデンドルフ	21cm Mrs18×3門	陸軍	18km	榴弾砲砲台
4	ヒンデンブルク	21cm Mrs18×3門	陸軍	18km	榴弾砲砲台
5	ロートリンゲン	15cm SK L/45×4門	海軍	16.5km	–
6	マッケンゼン	21cm Mrs18×3門	陸軍	18km	榴弾砲砲台
7	ヘスラー	15cm K18×4門	陸軍	24.8km	1944年完成
8	シュリーフェン	15cm K18×4門	陸軍	24.8km	1944年完成

オルダニー島

番号	砲台名	砲種および門数	所属	射程距離	備考
1	アンヌ	15cm SK C28×4門	海軍	23.5km	–
2	ブリューヒャー	15cm K18×4門	陸軍	24.8km	–
3	エルザス	17cm SK L/40×3門	海軍	22km	–

ガーンジー島

番号	砲台名	砲種および門数	所属	射程距離	備考
1	ドールマン	22cm K532(f)×4門	陸軍	23km	–
2	ラデツキー	22cm K532(f)×4門	陸軍	23km	–
3	ミールス	30.5cm K14(r)×4門	海軍	38km	r はロシア製の意
4	シャルンホルスト	15cm K18×4門	陸軍	24.8km	1944年撤去
5	バルバラ	15.5cm K418(f)×4門	陸軍	19.5km	–
6	リノツェロス	21cm Mrs18×3門	陸軍	18km	榴弾砲砲台
7	マムート	21cm Mrs18×3門	陸軍	18km	榴弾砲砲台
8	エレファント	21cm Mrs18×3門	陸軍	18km	榴弾砲砲台
9	グナイゼナウ	15cm K18×4門	陸軍	24.8km	1944年撤去
10	シュタインブルフ	15cm SK C28×4門	海軍	23.5km	–
11	シュトラースブルク	22cm K532(f)×4門	海軍	23km	–

この地図は、チャネル諸島に設けられた沿岸砲台の射程圏と着弾点の重複範囲を示している。サン・マロ湾の北側湾口とコタンタン半島の海岸線の大部分が、砲台群によって効果的に防御されているのがよく分かる。

右：ジャージー島、コルビールにある海軍方位測距塔２号(Marine Peilstände und Meßstellen 2(MP2))。

どことなく不気味な外観をもつ、これらの塔の内部は実際非常に狭かった。これらは海を見下ろす崖の頂上にあり、砲兵観測員を風雨から保護するために建設された。当初の管制方式は間もなく放棄されたが、これは基本的な構想に欠陥が発見されたためだった。その管制方式とは、多層式建造物を多数建設し、三角法を利用して海上目標の射撃を管制するものだった。この方式が放棄されると、新たな管制塔の建設も中止された。建設済みの管制塔は、より効率的に活用するため多目的観測所に用途を変更されたが、作りは非常に堅牢な標準要塞基準「A種」で、厚さ2.5～3.5mの鉄筋コンクリート製だった。確かに所期の目的で使用されるのなら、これらの塔は陸海空の侵攻軍から集中攻撃を受けるはずなので、高い強度は不可欠だった。擬装の試みはほとんど無駄に等しかった。

ジャージー島、コルビールの海軍方位測距塔２号（Marine Peilstände und Meßstellen 2(MP2)）

ガーンジー島のヴァゾン湾の防御施設は、全チャネル諸島の沿岸防御施設と同様、すでに廃墟になっていた「砦の跡地」に建てられていた。砦は主防衛線より前方に突出するように建設されており、敵に集中砲火か縦射を加えるようになっている。岬にある陣地もご覧の通りまったく目的は同じで、浜辺に上陸しようとする敵は、強烈な一斉射撃に必ず身をさらすことになった。

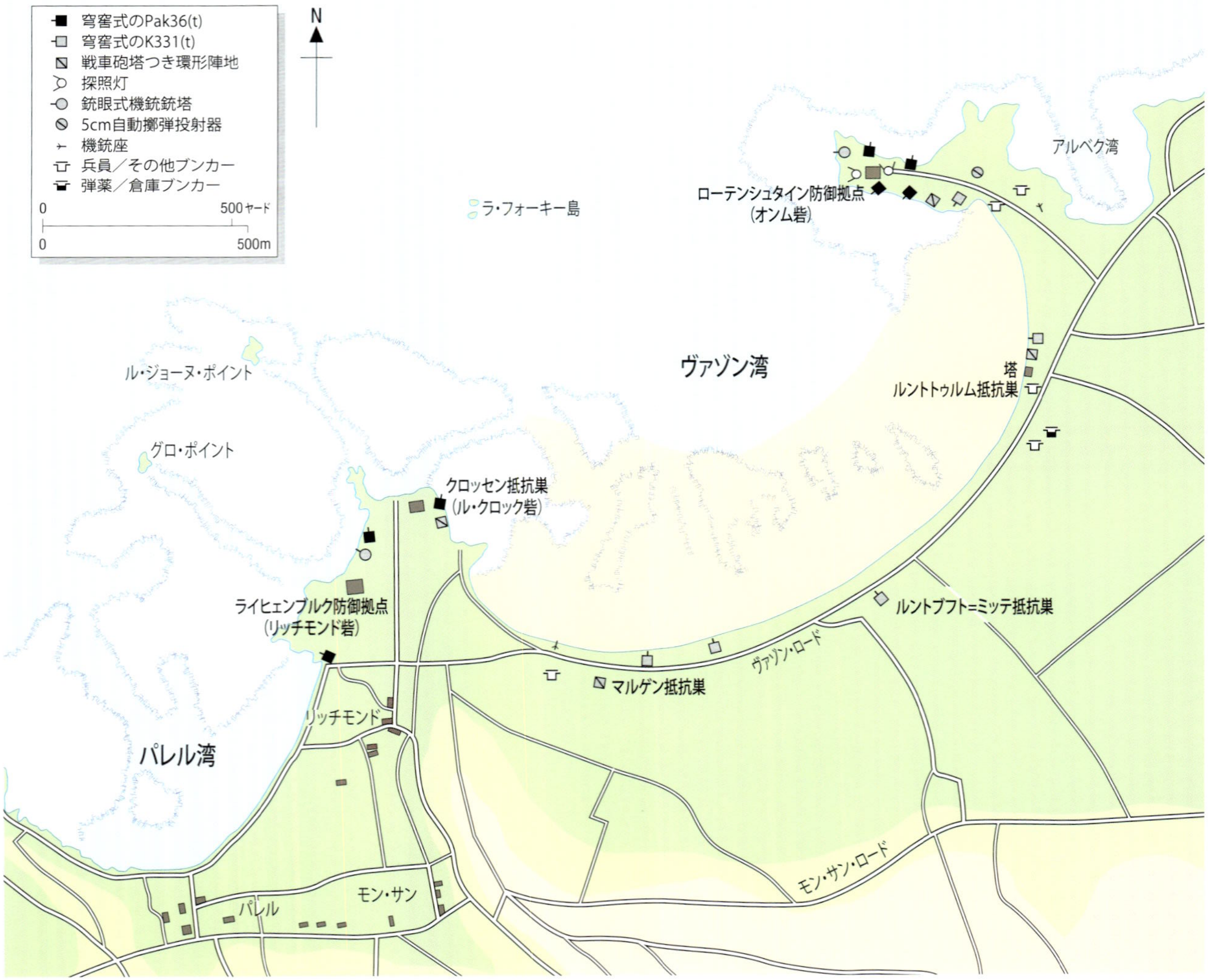

次項：10.5cm K331(f)砲用の670型穹窨（きゅうこう）構造の単純な670型は、1943年末に大西洋防壁の建設をスピードアップするために導入されたが、竣工は予定よりも大幅に遅れた。備砲は沿岸防御施設では最大の10.5cm K331(f)だった。これは元々フランスのシュナイダー社製の1913型105mmカノン砲という野戦砲だった。1913年5月にフランス陸軍が導入したこの砲は、第一次世界大戦開戦時には使用されていた。15.74kg砲弾の発射には装薬3個が必要で、対人榴弾と榴弾以外に対空射撃用の曳光弾を発射できた。大戦中には煙幕弾と毒ガス弾も開発された。この砲は第一次世界大戦後もフランス陸軍で使用され続け、ベルギー、ポーランド、イタリア、ユーゴスラビアでも使用された。かつての万能砲も1940年にはさすがに時代遅れになり、フランス休戦後にドイツ軍は膨大な数の本砲を鹵獲すると、本来の用途には使用できないことから、多数を要塞用の武装に転用した。これらは装輪式の砲架から取り外され、ブンカー内のシールドつき旋回砲座に取り付けられた。大半は浜辺を側射するために設置されたが、少数は海上を直接射撃するよう配置された。

10.5cm K331(f)用の670型穹窖

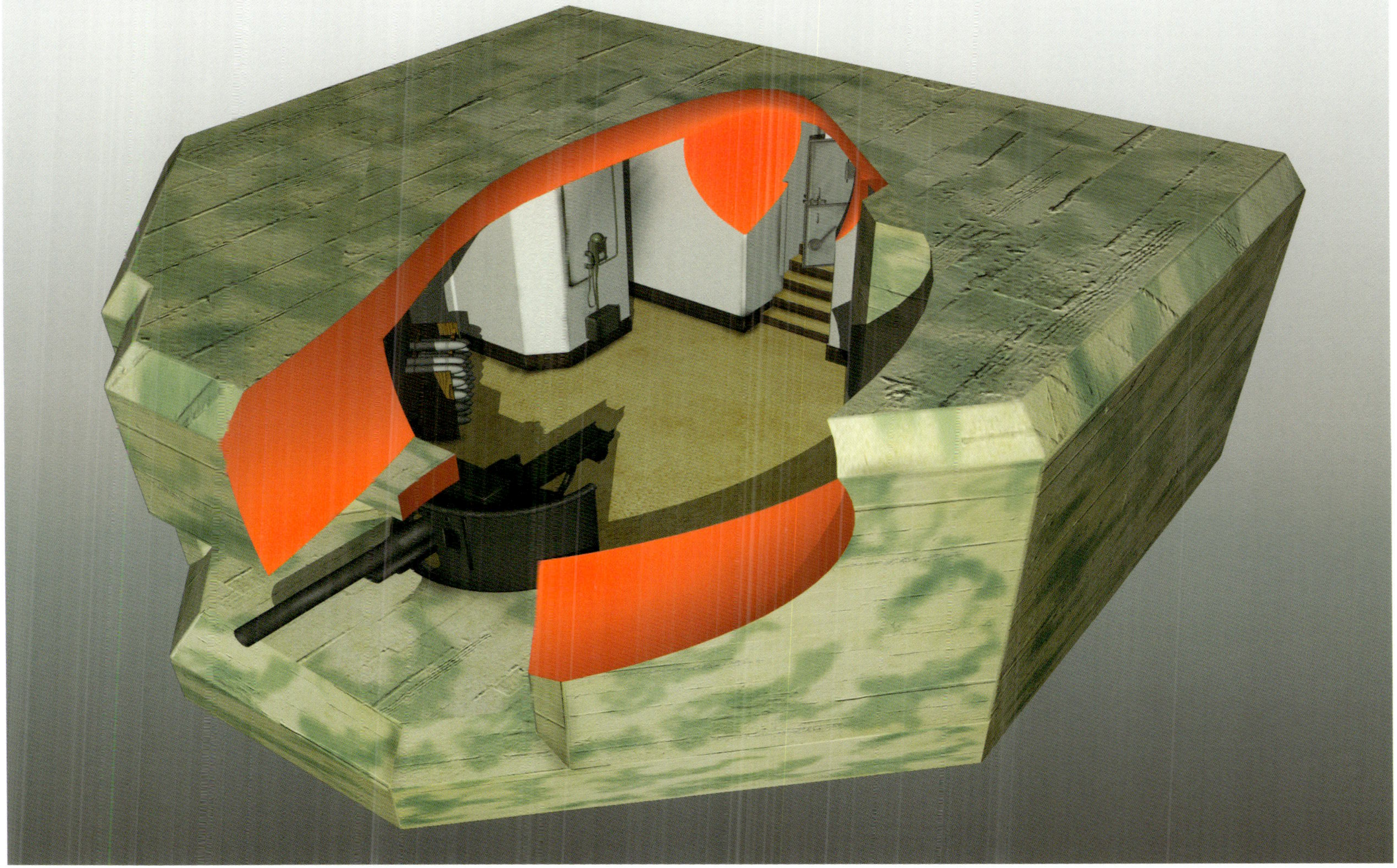

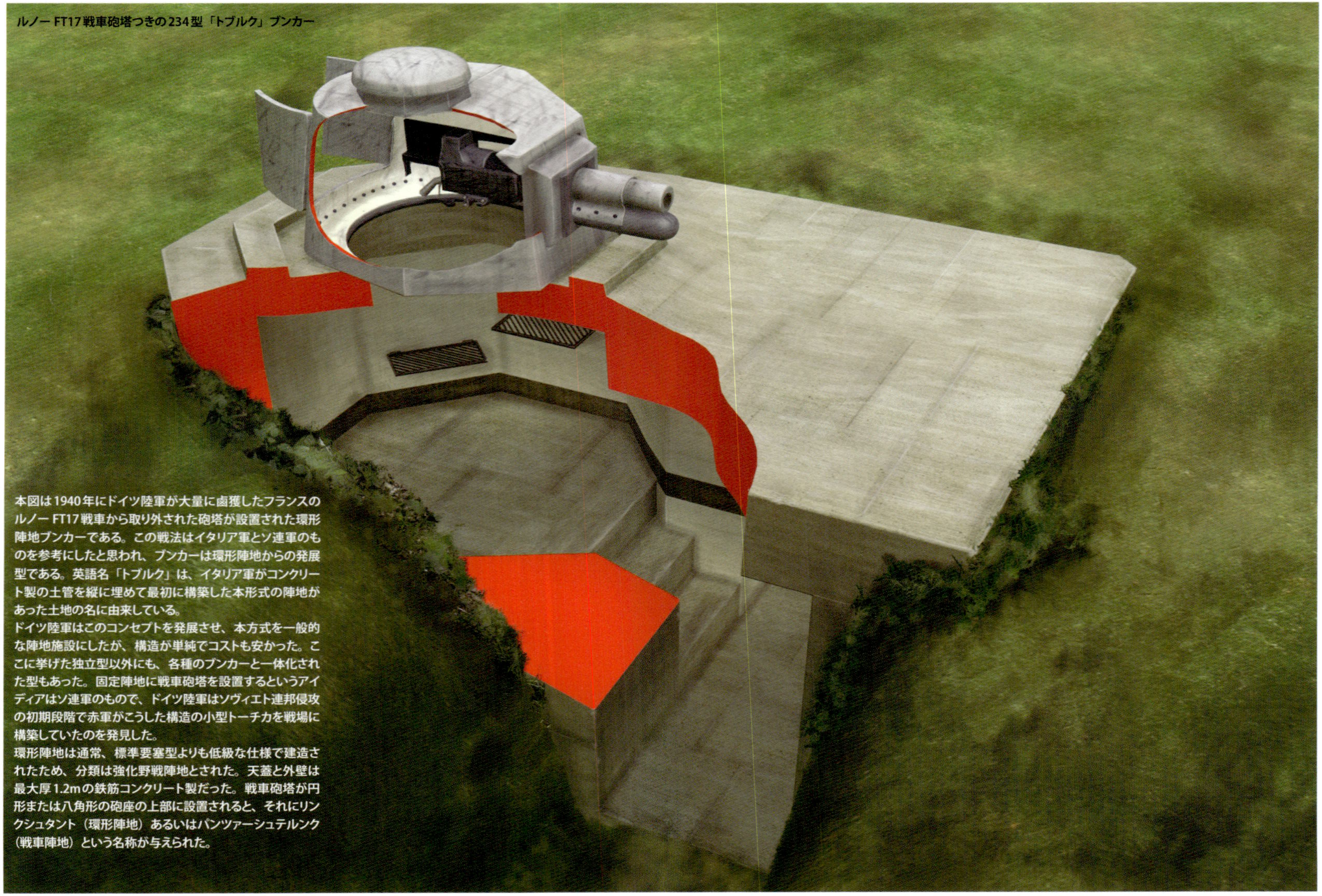

ルノー FT17戦車砲塔つきの234型「トブルク」ブンカー

本図は1940年にドイツ陸軍が大量に鹵獲したフランスのルノー FT17戦車から取り外された砲塔が設置された環形陣地ブンカーである。この戦法はイタリア軍とソ連軍のものを参考にしたと思われ、ブンカーは環形陣地からの発展型である。英語名「トブルク」は、イタリア軍がコンクリート製の土管を縦に埋めて最初に構築した本形式の陣地があった土地の名に由来している。
ドイツ陸軍はこのコンセプトを発展させ、本方式を一般的な陣地施設にしたが、構造が単純でコストも安かった。ここに挙げた独立型以外にも、各種のブンカーと一体化された型もあった。固定陣地に戦車砲塔を設置するというアイディアはソ連軍のもので、ドイツ陸軍はソヴィエト連邦侵攻の初期段階で赤軍がこうした構造の小型トーチカを戦場に構築していたのを発見した。
環形陣地は通常、標準要塞型よりも低級な仕様で建造されたため、分類は強化野戦陣地とされた。天蓋と外壁は最大厚1.2mの鉄筋コンクリート製だった。戦車砲塔が円形または八角形の砲座の上部に設置されると、それにリンクシュタント（環形陣地）あるいはパンツァーシュテルンク（戦車陣地）という名称が与えられた。

ジャージー島、セント・ヘリア、重機関銃陣地

20世紀に構築された陣地は、どれも過去数世紀のものとは異なり、美しさに秀でたものは少なかった。このユニークな建造物は、今世紀のものとしては例外的である。1942年7月に構築されたこの建造物の正体は、重機関銃陣地だった。建設場所はパヴィリオン抵抗巣として知られたウエストマウント山上だったが、山名の由来は付近にウエスト・パーク・パヴィリオンがあったためだった。全体構造はコンクリート製で、銃座の下には退避壕兼倉庫が設けられていた。内部が中空だった屋根は、1988年の取り壊しまで構造が不明で、それまでは中身もムクだと考えられていた。

右:オルダニー島、セント・アンヌの塔のある空軍司令部ブンカー

本複合施設がオルダニー島の空軍司令部だったが、図は水タンクのある新しい階が増築される前の状態で、「給水塔」という俗称はそこから生まれた。ブンカーには電話交換機や挿入図にあるエニグマ暗号装置などの通信設備、そして換気設備、空気濾過装置、厨房/兵員室、洗面所、事務室、倉庫、レーダー・センター、MG42機銃が設置された防御銃座などが設けられていた。塔の頂部のレーダー・アンテナは、航空監視レーダー・フレイヤのものである。これはドイツのレーダーとしては初期の型で、1937年に初めて空軍に発注されて以来、改良が続けられ汎用レーダーとなり、大戦中に約2000基が引き渡された。全指向性で、小型で移動も可能、精度も優れていたフレイヤ・レーダーは、1940年当時のイギリスのライバル、固定式のチェーン・ホームよりも優秀だった。しかし最大探知距離がわずか160km、実用探知距離は約100kmしかなく、正確な高度を測定できないという点では、チェーン・ホームに劣っていた。フレイヤは、ヨーゼフ・カムフーバー大将が第三帝国を連合軍爆撃機から防衛するため確立した総合防空防衛線、「カムフーバー・ライン」の重要な構成要素でもあった。探知範囲を重複させながら連続的に設けられたレーダー基地群が、デンマークからフランス中部まで連なっていた。各レーダーの担当範囲は南北長が約32km、東西長が20kmだった。これらの各地域にフレイヤ・レーダーと無数の照空灯が配置され、索敵と夜間戦闘機の支援を行なっていた。

オルダニー島、ズュートハーフェン防御拠点に残る、戦車砲塔が設置されていた環形陣地の遺構。(Courtesy of Trevor Davenport)

オルダニー島、セント・アンヌの塔のある海軍司令部ブンカー

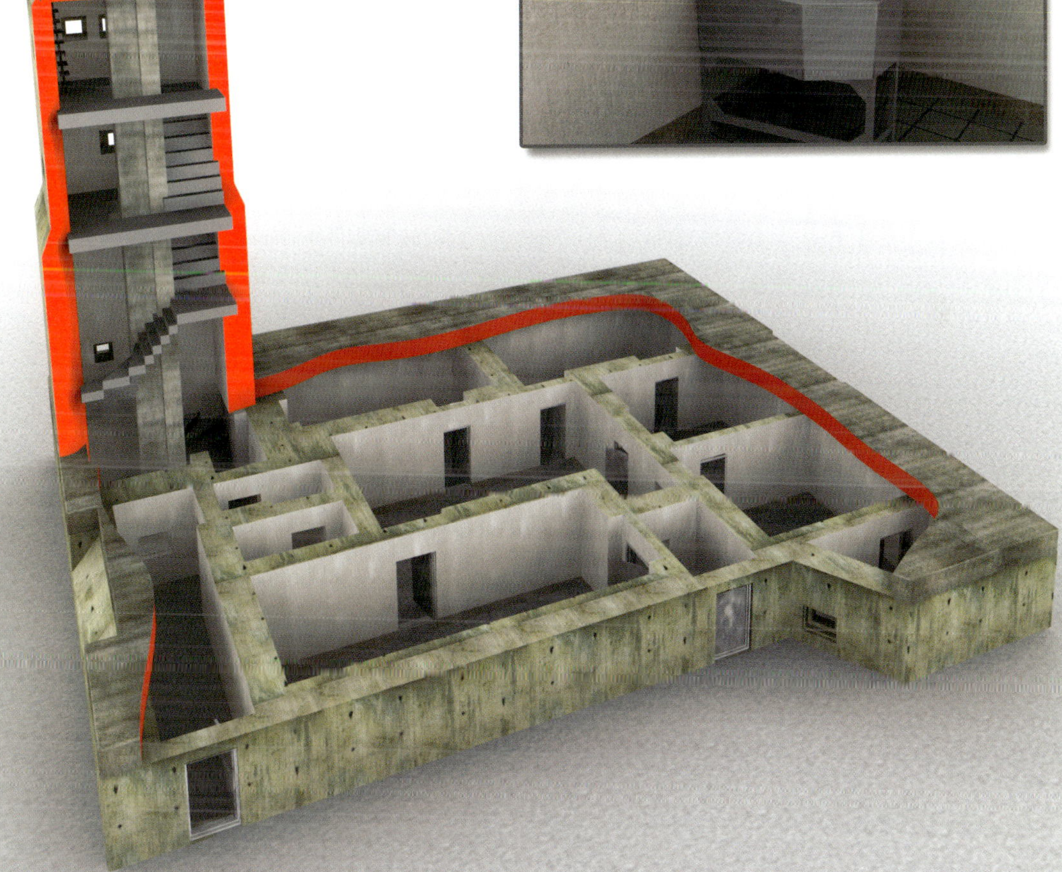

コンクリートの扉がある、非常に珍しい形の4基のコンクリート製衛兵所のうちのひとつ。これらはかつてオルダニー島のズィルト強制収容所の警備に使用されていた。この建造物は、現在の空港の東側に建っている。（Courtesy of John Elsbury）

The principles of defence

防御の原則

沿岸砲台
Coastal artillery

海から接近する敵が最初に交戦するのは沿岸砲台だったが、ガーンジー島最大の砲台、ミールス砲台の場合、射程は約38kmに及んでいた。

射撃はゼーコ＝キ（Seeko-Ki）司令部の指揮により行なわれたが、これはチャネル諸島海上防衛司令部（Kommandant der Seeverteidigung Kanalinseln）の略である。同司令部は1942年6月に設立され、本来の任務である海軍砲台の指揮に加え、1942年10月から海上目標を射撃する陸軍沿岸砲台と陸軍師団砲台の戦術指揮、ならびに主要3島の港湾防衛施設と防衛小艇隊の指揮を担任することになった。

海上目標の射撃管制は、当初の計画では一群の海軍方位測距塔（Marine Peilstände und Meßstellen）による三角測量で行なわれるはずだった。これらは多層式の建物で、各階が別々の砲座を管制していた。目標位置は隣接する2基の塔からのコンパス方位をつき合わせて確定された。つまり既知であるこれらの塔の間隔を三角形の底辺として、両端からの角度が測定されれば、簡単な三角法の計算で目標の正確な位置が算出できた。この方式の欠点は、多数の目標を扱うのが難しい点だった。ある管制塔内の観測員が、隣の塔の観測員と同一の目標に照準しているかどうかを知ることは、困難あるいは不可能だった。結局、予定されていた数の管制塔は建設されず、射撃管制方式は各砲台でのステレオ式測距儀による直接照準射撃に簡素化されてしまった。中央管制はこれらの測距儀からの情報を照合してゼーコ＝キ司令部で行なわれ、格子状のゾーン区分に従って射

ドイツ軍が建設した防御施設の大部分は外観ができるだけ目立たないように設計されていたが、例外は砲台射撃用の海軍方位測距塔(Marine Peilständ und Meßstellen/MP)だった。写真はオルダニー島のMP3号を西から見たものだが、設計は特別なもので、この型は大西洋防壁全域でもここにしかない。これらは本来他の塔（結局建設されず）とともに三角法で距離を測定するために建設され、各階が1箇所の砲座を管制していた。しかしこの構想に欠陥があることが判明すると、これらの建造物は通常の観測所として使用され、レーダーや対空砲が設置された。(Courtesy of Andrew Findlay)

撃命令が発令されたが、必要時には主防衛線（Hauptkampflinie）が位置する海岸線の前方に予め設定されていた侵入阻止海域への集中射撃が指示された。最悪の場合、砲は陸上照準地点（Landzielpunkt）を砲撃したが、これは予め登録されていた十字路などの戦術的ないし戦略的な重要地点で、ドイツ軍自身の陣地である場合もあった。陣地は占領されそうになるなど、必要となれば自分自身への砲撃を砲台に要請することになっており、確かに理屈としては占領されるのを防御施設からの砲撃によって防ぐことにはなる。この規定の背景にある考え方とは、危機に瀕している地区がどこであっても、すべての砲台で援護射撃を加えて、上陸作戦が成功する前に全箇所を無力化するというものだった。

沿岸防御施設
Coastal defences

沿岸防御施設は、上陸を試みようとするいかなる部隊も最も速やかに撃滅、ないし撃退するための原則に従って配置されていた。防御施設は一連の重装陣地群で構成されていた。防御拠点（Stützpunkt/StP）は通常岬に設けられ、抵抗巣（Wiederstandnest/WN）がその間の海岸線地帯に構築されていた。崖地の防御はさらに「転落爆弾（roll bomb）」で強化されていたが、これは鹵獲された140kg榴弾のストックを設置したものだった。これらは固定索で吊り下げられ、信管はそれぞれの索に接続されていた。そのため固定索が切断されると信管が作動し、浜の地表面で榴弾を爆発させた。

ガーンジー島の北西海岸に位置するヴァゾン湾に設けられた防御施設は、チャネル諸島の主要3島で一般的だった沿岸防御施設の典型例といえるだろう。戦前の旅行案内に、すぐ内陸側に「低地に延びる道」のある「きめ細かい砂浜」と書かれていたヴァゾン湾は、上陸作戦には理想的な場所だった。事実、ここには大胆な侵攻が1372年に仕掛けられており、ウェールズ公オーウェンが3000人のスペイン人傭兵を率いて上陸していた。時代を経ても敵による上陸の危険性が変わることはなく、ナポレオン時代にはクロック砦やオンム砦などの小砲台や陣地が同様の攻撃に見舞われており、ヒットラーの指令書によっても厳重な要塞化が繰り返されたのだった。最優先されたのは、側射用の陣地ネットワークと対戦車防御施設だった。

沿岸砲台の主力武装はシュナイダー社製の10.5cm砲で、元々フランス陸軍用の野砲として1913年に開発されたものだった。1940年の鹵獲後、その多くが移動式砲架から取り外され、10.5cm K331（f）という制式名で穹窖《きゅうこう》砲座用に改造された。末尾の「f」は砲がフランス製（französisch）であることを示していた［原注2］。射程距離約12kmの穹窖式10.5cm単装砲は、ヴァゾン湾の2箇所の防御拠点の中核をなしていた。すなわち旧

[原注2]：戦争における鹵獲兵器の使用は、特にドイツに関しては目新しいことではなかった。1914年にドイツの植民地、青島（チンタオ）の日本軍による攻略に立ち会ったアメリカ人、ジェファーソン・ジョーンズによれば、同地の防衛のために配備されていた火砲は、「大半が義和団の乱で義和団から鹵獲したものか、普仏戦争の戦利品だった」という。

下左：この写真は戦後（1950年代頃）に撮影されたヴァゾン湾の突堤の西端部で、突堤と一体の機銃座は放棄後に武装が撤去されてしまったが、かつてはマルゲン抵抗巣の一部だった。この写真からどのように機銃が側射陣地に設置され、浜辺全体を縦射し尽くせたが分かる。(Courtesy of P. Evans)

下右：ガーンジー島のヴァゾン湾にあるルントトゥルム抵抗巣の兵員掩蔽壕で、すぐ側に抵抗巣名のもとになった円筒形の塔がかろうじて写っている。ブンカー本体と入口周辺部の大部分は地下レベルに設けられており、当時はほぼ全体が土で覆われていてほとんど見えなかったことに注意。(Courtesy of A. F. van Beveren)

写真は2000年9月の撮影で、オンム砦の遺構の内部と周辺に建設されたローテンシュタイン防御拠点を東から見たところ。石造の塔に接して建てられたブンカー内には2基の60cm探照灯のうち1基が格納され、右側と下方の穹窖には10.5cm K331(f)沿岸防御砲が設置されていた。(Courtesy of A. F. van Beveren)

時代のオンム砦の周囲に建設されたローテンシュタイン防御拠点と、リッグ・エンド砦とル・クロック砦の周辺に広がるライヒェンブルク防御拠点という、2箇所の岬から湾内の側射が可能だった。10.5cm砲のうち少なくとも4門は、湾に接近ないし突入した、いかなる海上部隊に対しても対抗できる湾内に配置されていた。砲はすべて標準要塞型のブンカー内に収められ、鉄筋コンクリート製の天蓋と外壁で防御されていた。ブンカーの設計はいくつもの種類があり、機能の差は極めて大きかったはずだが、使用目的のまったく異なるブンカーでも外観はほとんど同じだった。実際、これらには外部にも内部にも多くの共通点があった。装甲扉の外側にはまず耐爆壁と折れ曲がった通路があり、破壊や突破を難しくしていた。これらの施設群は単独のみでも機能するよう設計されていたので、全体の一部を構成する部分的な施設であるとはいえ、大半に兵員室、暖房設備、換気設備が設けられ、後者には毒ガス攻撃に対する防護対策も施されていた。施設内には施設の用途

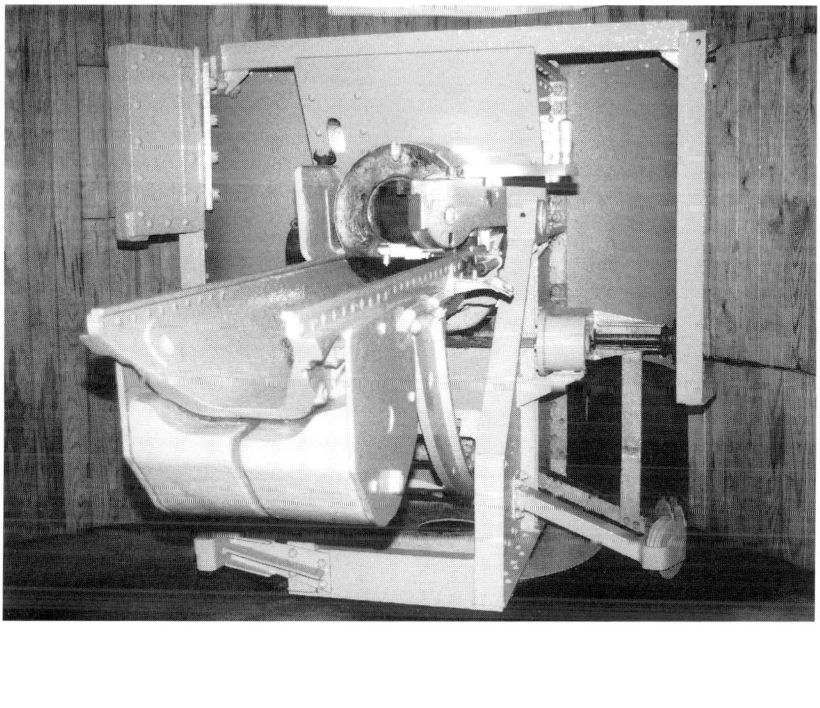

ジャージー島、コルビール防御拠点の穹窖に設置された10.5cm K331(f)の砲尾。修復されたこの砲は、要塞建設期にはチャネル諸島に80門以上も設置されていたが、現存するのは7門のみである。(Courtesy of Michael Ginns)

に応じて、弾薬庫、砲室、工廠、観測座などが設けられた。

ヴァゾン湾には他にも標準要塞型の穹窖が5基あり、対戦車砲が設置されていたが、これらの砲は1938年のズデーテンラント併合後にドイツの支配下に置かれたチェコスロヴァキアから移設されたものだった。本来の名称は4cm vz.36型カノン砲だったが、ドイツ軍によって4.7cm要塞用対戦車砲36（t）、略して4.7cmPak36（t）と改称されており、末尾の「t」はtschechisch（チェコ製）を意味していた。要塞施設への設置時、この砲にはチェコ製のボールマウント機銃MG37（t）が併設されていた。そのうち1門はローテンシュタイン防御拠点の一部を構成し、他に4門が防御拠点間の抵抗巣に設置された。2門がマルゲン抵抗巣に、そしてルントトゥルム抵抗巣とルントブフト＝ミッテ抵抗巣に各1門が設置された。

ヴァゾン湾の防御施設の構成要素としては、他に2基の六銃眼銃塔（Sechsschartenturm）があったが、これは重機関銃用多銃眼銃塔（Mehrschartenturm für schwere Maschinen Gewehr）と呼ばれることもあった。これは27cm厚という本格的な鋼製装甲銃塔で、大部分が地下に埋設された標準要塞型ブンカーに設置され、その名の通り6箇所（ないし多数）の銃眼により2挺のMG34重機関銃に広い射界を与えていた。実際にはこれらの銃眼は、例えば傾斜地に建設された場合などでは、いくつかがふさがれることもあった。資料は混乱気味で、数字の不一致も多いが、1944年にはこの型の銃塔がガーンジー島に4基、ジャージー島に8基、オルダニー島に2基あったようだ。

1937年から38年にかけて生産された生産数が100門に満たない、資料によっては98門しかなかったという5cm自動擲弾《てきだん》投射器（Maschinengranatwerfer）M19は、注目しておくべきだろう。これが最初に設置されたのは西方防壁だった。M19は機銃銃塔のように、地下に建設された標準要塞型のブンカーの上部に設置され、敵にほとんど姿を見せないまま作動するよう設計された純粋な要塞用兵器だった。この投射器は水平な分厚い装甲板の開口部を通して発射され、隣接する開口からせり出すペリスコープで照準を行なった。両者は発射時以外は装甲カバーで防御されていた。6発入りクリップを手動で装塡するこの投射器は毎秒1発を発射可能で、射程は30〜750m超、その威力は絶大と考えられていた。緊急時には装塡方式を自動に切り替え、発射速度を倍にすることができた。だがこれは投射器に多大な負担を与えると考えられ、その上約4000発の装備弾をすぐに消費してしまった。本投射器は、4門がガーンジー島に、1門がジャージー島に、2門がオルダニー島に配備されていた。

上左：写真は2002年の撮影で、対戦車壁に向かって縦射するための対戦車砲用の穹窖。これはジャージー島のセント・オービン湾を防御していたファースト・タワー抵抗巣のもので、4.7cm Pak36（t）対戦車砲を収めていた。本穹窖は入念に擬装された陣地の好例で、どんな距離からも、また空からも視認は困難である。(Courtesy of A. F. van Beveren)

上右：オルダニー島、クロンケ湾のテュルケンブルク防御拠点で撮影された10.5cm K331（f）用の670型穹窖の写真。(Courtesy of Trevor Davenport)

上右：ジャージー島、セント・ウェンズ湾を見下ろすメア・ヒル抵抗巣に設置された、厳重に擬装された重機関銃用六銃眼銃塔（Sechsschartenturm für schwere Maschinen Gewehr）。極めて効果的な擬装の奥には27cmの装甲板が控えており、この頑強な防御陣地を沈黙させえたのは重砲弾の直撃だけだったろう。(Courtesy of Michael Ginns)

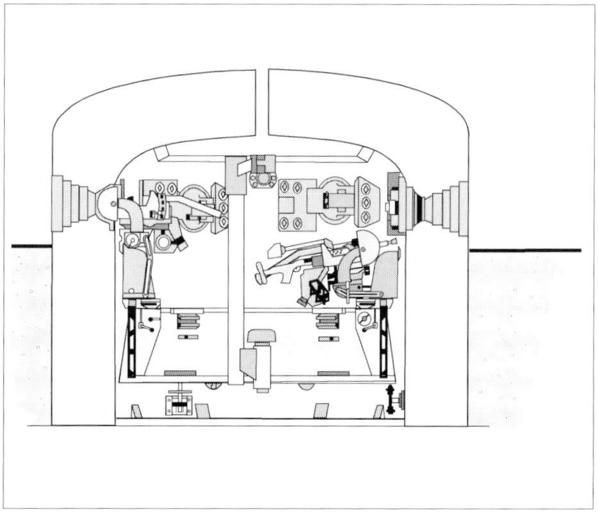

上左：擬装されていない六銃眼銃塔の銃眼のひとつ。ボールマウント部に銃身貫通孔と照準孔が見える。(Courtesy of P. Evans)

上右：多銃眼銃塔の内部断面図。非使用時に銃眼をふさぐ栓に注意。(Courtesy of Michael Collins)

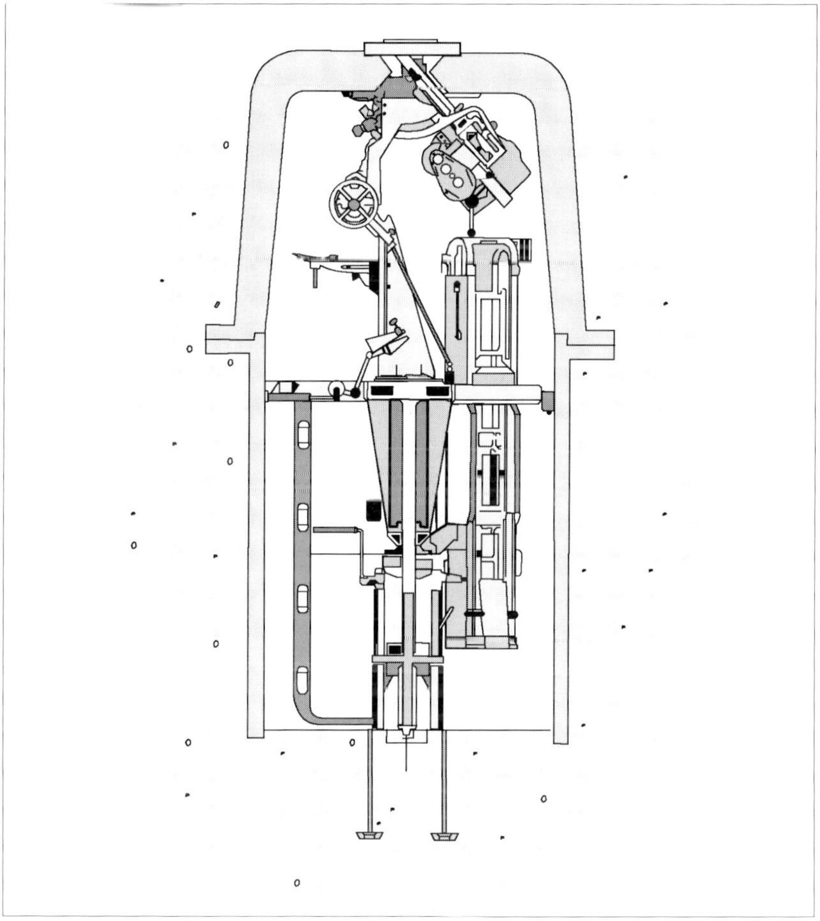

装甲キューポラ内に設置されたM19自動擲弾投射器の立面図。投射器の砲口は発射時わずかに装甲キューポラから出るが格納でき、非使用時には開口部は蝶番で取り付けられた装甲板でふさがれた。照準は隠顕式のペリスコープで行なった。要員は3名で、1名が照準と発射を、他の2名が装填を担当した。下層の弾薬庫では他に数名がクリップに擲弾を装弾する作業を行ない、その後クリップはキューポラ内の装填手へ揚弾機で上げられた。装填手の1名が投射器にクリップをセットし、もう1名が空になったものを取り外した。緊急時に本投射器は自動装填/発射に切り替えられたが、多量の弾薬を消費し、投射器も傷んだ。(Courtesy of Michael Collins)

4箇所の「トブルク」(タコツボ陣地の英語名)、ドイツ名で言うところのリンクシュタント（Ringstand）も、ヴァゾン湾を防御していた。この名称はこれらが最初に構築された土地の名に由来しており、そこでイタリア軍はコンクリート製の土管を縦に埋めて小規模な陣地を作ったのだった。ドイツ陸軍はこのコンセプトを発展させ、本方式を一般的な陣地施設にしたが、構造が単純でコストも安かった。ここに挙げた独立型以外にも、各種

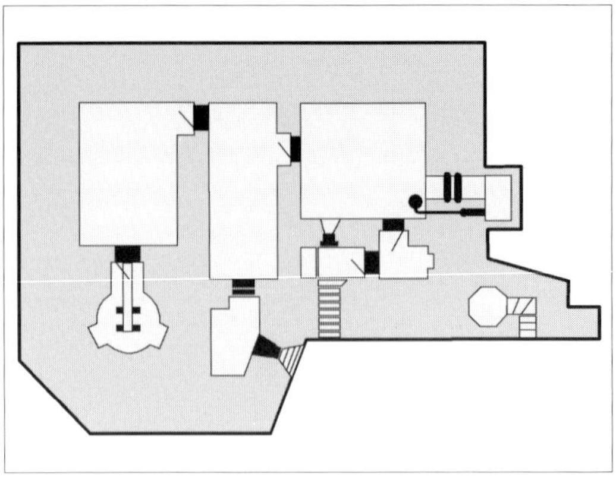

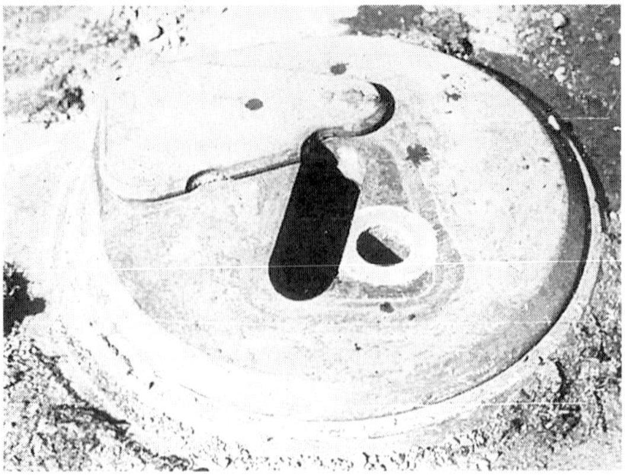

上左：M19擲弾投射器を収容するため設計された633型ブンカーの平面図。このブンカーは地下レベルに建設され、コンクリートの打設後に埋設された。その結果、このブンカーはわずかに突き出ていたキューポラ以外、露出部はなかった。(Courtesy of Michael Collins)

上右：写真はM19自動擲弾投射器を収めたキューポラの上部で、可動式の防弾板が取り付けられている。(Courtesy of Trevor Davenport)

チャネル諸島に配備された沿岸防御砲の門数（1944年9月の記録による）：カッコ内の数字は、野戦陣地（すなわち標準要塞型砲座でないもの）に設置された同型の砲の門数

砲種	ガーンジー島	ジャージー島	オルダニー島	サーク島
10.5cm K331(f)	21(13)	18(12)	13(3)	(2)
4.7cm Pak36(t)	16(17)	15(8)	3(6)	—
5cm Pak38	(15)	(10)	1(4)	—
7.5cm Pak40	(8)	3(9)	2	—

のブンカーに組み込まれたタイプもあった。この陣地は銃砲座として各種の火器が容易に装備でき、ヴァゾン湾では4箇所のうち3箇所に戦車砲塔が設置されていた。固定陣地に戦車砲塔を設置するというアイディアはソ連軍の戦法で、ドイツ陸軍はソヴィエト連邦侵攻の初期段階に、赤軍がこうした構造の小型トーチカを戦場に構築していたのを発見した。フランスの降伏後、ドイツは前線任務には使用できない戦車を多数入手したが、これらをしばしば自走砲や牽引車に改造していた。そうした車両のひとつに、1934年に開発され騎兵隊で使用されていた重量わずか12トン強のオチキス35-Hがあった。その鋳造砲塔は1名用の小型で不恰好なものだったが、1938～39年の改良で主砲を長砲身の3.7cm砲に換装された。また7.5mm同軸機銃も装備していた。この戦車は合計約1000両生産され、1940年に実戦で使用された。ドイツ陸軍は本車を無改造のまま、あるいは改造自走砲として相当数を使用した。

さらに多数が鹵獲された戦車に10トン級のルノーR35型戦車があり、これは1935年の初登場以来、約2000両が歩兵戦車として製造されていた。その砲塔は35-Hとほぼ同じで、両者はドイツ軍の基準からすると武装が貧弱だったが、固定陣地で使用するのには適当であると思われた。そこでイタリア軍とソ連軍の技術を参考に、多数の砲塔が円形または八角形の砲座の上部に設置されると、それにリンクシュタント（環形陣地）あるいはパンツァーシュテルンク（戦車陣地）という名称が与えられた。この用途には初登場が1917年という年代物のルノーFT17戦車の砲塔も使用されたが、その武装は8mm機銃だった。

環形陣地は通常、標準要塞型よりも低級な仕様で建造されたため、分類は強化野戦陣地型とされた。天蓋と外壁は、最大厚が1.2mの鉄筋コンクリート製だった。環形陣地を除く、この型に属する施設で最も一般的だったのは、兵員掩蔽壕、迫撃砲砲座、観測所、砲座などだったが、ヴァゾン湾では強化野戦陣地型の施設が標準要塞型陣地と併設された例も珍しくなかった。強化野戦陣地は通常、トート機関（OT）よりも陸軍の工兵隊が構築することが多かった。

ローテンシュタイン防御拠点は、夜間戦闘用に2基の探照灯を標準要塞型ブンカーに配置していた。このブンカーは基本的に探照灯の格納施設で、探照灯は構内狭軌鉄道のトロッコに装備され、照明座に引き出されて使用された。

ウンターシュタント（掩蔽壕）は独立型の兵員ブンカーで、規模は一般的に2種類あり、グルッペンウンターシュタント（Gruppenunterstand=分隊掩蔽壕）とドッペルグルッペンウンターシュタント（Doppelgruppenunterstand=2個分隊掩蔽壕）と呼ばれ、それぞれ10名と20名の人員を収容するよう設計されていた。これらは天蓋が地表面に位置するように地下に建設されることも多く、弾薬その他の物資貯蔵用ブンカー同様、標準要塞型または強化野戦陣地型の仕様だった。こうした些末な事柄に常々こだわっていたヒットラーは、兵員掩蔽壕は重砲撃と空爆時の防御のみに使用されるべきであり、それ以外の時は兵士たちは戦うために防御施設の外にいるべきだというのが持論だった。現在の視点から見ると皮肉な偶然だが、彼は死ぬまでの数カ月間を防空壕に籠もったまま過ごし、「ブンカーから出ない者は必ず敗北する」ことを自ら実証した。

2基の標準要塞型の機銃銃塔以外にも、ヴァゾン湾の防御のために機銃座用の強化野

ラ・カリエール抵抗巣の環形陣地。設計の源流をたどると、縦に埋められたコンクリート製土管だったという話も、写真を見れば納得できる。(Courtesy of Michael Ginns)

ジャージー島、モルトケ砲台の外周部の防備の一部を構成していた環形陣地。リングシュタント(環形陣地)と呼ばれたこの陣地は、フランス製のルノー FT-17戦車から取り外された砲塔を装備するために建設された。(Courtesy of Michael Ginns)

コルビール防御拠点の606型探照灯用ブンカー。探照灯は使用時、建造物の両側にある照明座に台車で引き出された。(Courtesy of Michael Ginns)

戦陣地が2基建設されたが、うち1基はマルゲン抵抗巣内の護岸上に設けられていた。花崗岩製の護岸はチャネル諸島の随所に見られるが、これは19世紀に海岸の浸食を防ぐために建設されたものだった。その設計者や建設者たちはまったく予想していなかっただろうが、この護岸は車両が浜辺から出るのを防ぐ障壁としても一級品だった。つまりこれらは優れた対戦車障害物でもあった。事実、これらの護岸は非常に堅牢かつ大規模な建造物で、一部で高さを増す必要があったとはいえ、20世紀中盤の戦争に求められた条件を大規模な改造をしなくても充分満足させるものだった。湾内など、海岸線の浸食がなく護岸のなかった箇所には、ドイツ軍が現代版の同等品をコンクリートで建設し、パンツァーマウアー（対戦車壁）と命名した。これは花崗岩製の先輩と同じく頑丈で、場所によっては高さが6mにも達し、基礎は砂地深く埋設されていた。これらの設計は統一されてはおらず、ひとつの建造物でも場所によって構造が異なっていた。

地図ではわからないのが、湾をぐるりと縁取っていた塹壕とタコツボのネットワークで、ブンカーからの出撃後、歩兵たちはここで戦うことになっていた。やはり表示されていないのが、いたる場所にあった有刺鉄条網だった。マイケル・ジャインズはこう語る。

「ドイツ軍といえば、いつも思い出されるのは何マイルも続く有刺鉄線である……ドイツ軍が接収、あるいは建設した建物は、すべて有刺鉄線に囲まれていた。もしこれらに防御手段としての利点があったにしても、擬装の効果を完全に台無しにしていた。1944年末になると……鉄条網は専門家が防御施設を発見するための手がかりに使われていた。どんなに注意深く擬装していても、有刺鉄条網がない場所は草が伸び放題だったので、航空偵察写真にはすべての防御拠点が、風景に染み付いた汚れのように浮かび上がっていた!」

チャネル諸島には膨大な数の地雷が敷設されていた。1945年までに合計10万個以上が敷設された。1944年4月までにガーンジー島に約5万4000個が設置されたと記録されており、ヴァゾン湾の防御用に多数の地雷が使用されていたのは、確実な資料が発見されていないとはいえ、まず間違いないだろう。敵の戦意を削ぐため、さらに浜辺に敷設されていた装置が、防御用火焔放射器（Abwehr-flammenwerfer）42型だった。これ

BOOK REVIEW ● DAINIPPON KAIGA

新刊のご案内

2007年1月

大日本絵画

表示価格には消費税が加わります。

東部戦線のSS戦車部隊 1943-1945年

◎ヴェリミール・ヴクシク［著］ ◎平田光夫［訳］
◎07年発売予定・5700円

定評あるカナダのJ.J.フェドロヴィッツ出版の“SS Armor on the Eastern Front 1943-1945”の全訳版。第2次大戦中盤以降の東部戦線に展開した武装SSの機甲部隊——戦車師団、機甲擲弾兵師団、義勇機甲擲弾兵ほか陸軍も含む——を追った写真資料集である。ジトーミル、チェルカッスィ、カメネツ・ポドリスキー テルノポリ、コーヴェリ、ワルシャワ、ブダペストの主要作選別に章を起こし、さまざまな状況における戦車や車両、火砲などとそれに関わる兵員を捉えた上質な写真で構成されている。近年発見された多数の珍しい写真に加え、部隊の編成表や作戦地図、車両のカラー側面図も挿入。

伊藤康治 作品集 ダイオラマ・ショーピース
緻密な情景作品でドラマチックな世界を構築するAFVモデラー、伊藤康治の個人作品集。●四、〇〇〇円

35分の1スケールの迷宮物語
月刊『モデルグラフィックス』で連載された戦車プラモにまつわる伝説や神話を一冊に凝縮しました。●二、〇〇〇円

ワールドタンクミュージアム図鑑／モリナガ・ヨウ
大ヒット食玩『ワールドタンクミュージアム』の解説イラスト54点に、実車解説などを付加した戦車図鑑。●二、二〇〇円

表示価格に消費税が加わります。

撃墜王／滝沢聖峰
カラー書き下ろしも含む原画の原寸に近いワイドサイズ豪華本。●一、八〇〇円

AD・ポリス25時／トニーたけざき
西暦2032年の電脳都市TOKYO。異常犯罪に立ち向かうADポリス達の事件簿。●九五一円

U・S・マリーンズ ザ・レザーネック
アメリカ海兵隊の全てを解説した『ザ・レザーネック』(月刊「モデルグラフィックス」連載)を全収録。●一、八〇〇円

独立戦隊 黄泉／サトウ・ユウ
1944年10月、フィリピン沖合上空で坂本伍長のピンチを救った「独立43戦隊」―彼らは何者なのか？●九八〇円

ドイツ陸軍戦史／上田信
ポーランド電撃戦からベルリンの戦いまで、第二次世界大戦で驚異的な活躍を見せたドイツ陸軍の歴史を詳細なイラストで解説。●一、七〇〇円

日本戦車隊戦史［鉄獅子かく戦えり］／上田信
日本帝国陸軍戦車隊の創設から国産戦車の開発、日中戦争、太平洋戦争から敗戦までの歴史を図解。●一、八〇〇円

あら、カナちゃん！／モリナガ・ヨウ
新聞4コマまんがの単行本。通学路や公園など見慣れた風景を舞台に、カナちゃんは今日も元気いっぱい。●六五〇円

車

モーターグラフィックス2 ザ・レーシングマシン
'87〜'91年のF1、グループCなど、人気の高いレーシングマシンのプラモデルを紹介。●二、六二一円

ティレル・ヤマハ023
片山右京のドライブで日本人にとって最も馴染みのあるF1マシンの写真資料集。●一、九二二円

ジョーダン191
'91年シーズン、エントリー初年度にして好リザルトを残したジョーダン191の写真集。●一、四〇八円

ベネトンフォードB192
'92年シーズン大活躍を演じたベネトン・フォードB192。ロリー・バーンの独特のデザインワークを楽しめる一冊。●一、五三四円

ロータス107&107B
107計画の全てを網羅。ボリュームも倍増。●二、四二七円

ALL IN RED, 1/24 SCALE FERRARIS
フェラーリ・ファンが自らの手で作り出した1／24のモデル・カー。モデラー、フェラーリ・マニアのどちらにもおすすめの一冊だ。●四、三〇〇円

Moto GP &GP500レーサーズ
Moto GPで活躍した日本製GPレーサーたちの詳細に迫った写真集。●三、〇〇〇円

Moto GPレーサーズ アーカイヴ2003
前作に続き2003年シーズンを戦ったMoto GPマシンたちを徹底取材した写真集。●三、〇〇〇円

ヤマハYZR500 1978〜1988年アーカイヴ
1970年代から'80年代のGP500で活躍したヤマハワークスマシンの詳細に迫った写真集。●二、八〇〇円

Moto GPレーサーズ アーカイヴ2004
2004年シーズンを戦ったMoto GPマシンたちを徹底取材した写真集。●三、二〇〇円

ホンダNS500&NSR500 アーカイヴ1982〜1986
4ストロークから2ストロークへ、ホンダがタイトル奪取の戦いに方向転換した瞬間のマシンたち。●二、八〇〇円

Moto GPレーサーズ アーカイヴ2005
2005シーズンに活躍したMoto GPマシンのディテールを知るのに最適な一冊。マシン開発担当者インタビューを掲載。●三、三〇〇円

戦記

ベトナム海兵戦記
ベトナム戦争最大の激戦、ケサン攻防戦を戦い抜いた海兵隊大尉の息づまる戦闘記録。 ●一、八五〇円

バルジの戦い（下巻）
雪深いアルデンヌの森で精鋭独軍と米軍がついに激突。〝バルジの戦い〟の全容が明らかに！ ●三、七八〇円

ストーミング・イーグルス
『緑の悪魔』と呼ばれたドイツ降下猟兵の戦いを臨場感溢れる筆致で再現したドキュメント。 ●三、一〇四円

雪中の奇跡（新装版）
第二次大戦初期、ソ連軍に壊滅的な打撃を与えたフィンランド軍の知られざる勇戦。 ●二、九〇〇円

流血の夏
1944年夏、ロシア軍による戦略攻勢を挫折させたフィンランド軍の驚くべき敢闘。 ●四、〇〇〇円

国連平和維持軍
国連平和維持軍をアメリカ海兵隊司令部が、レバノンでの活躍を例にくわしく紹介。 ●一、七四八円

鉄十字の騎士
第二次大戦中、ドイツ最高の勲章である「騎士十字章」受賞の栄誉に輝いた著名な人物数十名の経歴と功績。 ●二、一三八円

第二次大戦駆逐艦総覧
第二次大戦中に在籍した全世界の駆逐艦を収録。設計概要から戦時中の変遷、活動状況を網羅。 ●四、一〇〇円

Uボート総覧
初期の潜水艇から1940年代後半まで、現在わかっているあらゆるUボートの開発、活動状況、そして結末までの広範な歴史。 ●四、二〇〇円

ナチスドイツの映像戦略
ビデオ「ドイツ週間ニュース」の映像の歴史的、軍事的背景を解説しながら、戦争の真実を浮かび上がらせる。 ●二、七〇〇円

戦車

ティーガーの騎士
独語版『ミヘル・ヴィットマンSS少尉』の全訳に数々の写真を追加。ヴィットマンの全てを伝える戦記。 ●二、八〇〇円

ジャーマン・タンクス
第二次大戦中、ドイツ軍の使用した装甲車両の全てを、データ、写真と図版で紹介。 ●四、一〇〇円

アハトゥンク・パンツァーNo.2Ⅲ号戦車
各型のディテールを、イラストと博物館に現存する車両の写真と、戦場写真で解説。 ●二、三〇〇円

アハトゥンク・パンツァーNo.3Ⅳ号戦車
Ⅳ号戦車各型のディテールを多数の精密イラストと実車写真で克明に解説した資料写真集。 ●三、〇〇〇円

アハトゥンク・パンツァーNo.4 3訂版 パンター・ヤークトパンター・ブルムベア
大戦後半のドイツ主力戦車パンターシリーズと突撃戦車ブルムベアの発達をイラストと写真により解説した一冊。 ●三、一〇〇円

アハトゥンク・パンツァーNo.5 Ⅲ号・Ⅳ号突撃砲、33式突撃歩兵砲
対戦車兵器としてドイツ軍の激闘を支えた突撃砲シリーズ。 ●三、五〇〇円

アハトゥンク・パンツァーNo.6 ティーガー戦車編
『アハトゥンク・パンツァー』ティーガー戦車編。ティーガー戦車研究の集大成。 ●三、九〇〇円

パンツァーズ・アット・ソミュールNo.1（新装版）
ソミュール戦車博物館のドイツ戦車コレクションのディテール写真集。 ●二、〇〇〇円

表示価格に消費税が加わります。

航空

烈風が吹くとき／大西画報
帝国陸軍飛行隊、海軍航空隊の戦いと、そこで使われた機体の開発秘話。 ●一、九四二円

ベトナム航空戦
ベトナム戦の全航空作戦のノンフィクション。特殊な作戦や電子戦の全容も初公表。 ●一、七四八円

ターゲット・ハノイ
F－105サンダーチーフ戦闘爆撃機のハノイ爆撃を取材した、空戦ドキュメント。 ●一、七四八円

ソビエトワイングス
旧ソ連軍の航空兵力を納めたロシア人カメラマンの写真集。ソ連崩壊直前の記録。 ●六、二一一円

第5空母航空団CVW5
CVW5の、空母『インディペンデンス』甲板上での訓練の模様と、米海軍厚木基地及び硫黄島での活動をまとめた一冊。 ●三、四九五円

メイデイ！747
ハイジャッカーが仕掛けた高性能プラスチック爆弾が爆発！航空アドベンチャー小説。 ●一、八四五円

ドイツのロケット彗星
独空軍のエースだった著者が語る、メッサーシュミットMe163の開発から実戦参加まで。 ●二、三三三円

アドルフ・ガラント
ドイツ空軍のスーパーエースにして戦闘機隊総監、アドルフ・ガラントのすべてを綴る完全記録。 ●二、五二四円

栄光の荒鷲たち
現在も飛行可能な第二次大戦中の名機による、米・南部連邦空軍の航空ショー写真集。 ●一、九四二円

モニノ空軍博物館のソビエト軍用機
現用（旧）ソ連軍用機の系図も、各設計局別に年代を追って掲載した写真集。 ●二、五二四円

メッサーシュミットBf109E
ドイツとイギリスの航空博物館に現存する実機を取材したディテール写真集。 ●二、五〇〇円

フォッケウルフFw190D
豊富な実機写真、イラスト、図面で詳細に解説した、ディテール写真集。 ●二、七〇〇円

メッサーシュミットBf109G
世界各地に現存するG各型を取材、細部写真と精密図版によるG型の全て。 ●二、九〇〇円

フォッケウルフFw190A／F
WWⅡ中期以降の現存のA／Fシリーズによるディテール写真集。 ●二、七〇〇円

三菱零式艦上戦闘機
各国の博物館に現存する零戦21型・52型・63型を取材した、ディテール写真を掲載。 ●二、八〇〇円

スピットファイアMKⅠ～Ⅴ
イギリス空軍博物館、バトル・オブ・ブリテン博物館、帝国戦争博物館、科学博物館に現存する機体を徹底取材。 ●二、九〇〇円

メッサーシュミットMe262A
ドイツ、イギリス、アメリカに現存する世界初の実用ジェット戦闘機を取材。 ●二、九〇〇円

メッサーシュミットMe163&ハインケルHe162
航空史上唯一の実用ロケット戦闘機Me163の詳細に加え、国民戦闘機He162のディテールも収録。 ●二、九〇〇円

ユンカースJu87D／G
バトル・オブ・ブリテン博物館に現存するG-2型を徹底取材。 ●三、〇〇〇円

関連書籍のご案内

◎好評発売中

独ソ戦車戦シリーズ8

死闘ケーニヒスベルク

マクシム・コロミーエツ［著］
小松徳仁［訳］　高橋慶史［監修］
2500円

ケーニヒスベルク陥落作戦は、ドイツ軍の動きをこの地域の防衛に限定させ、対ベルリン攻撃の右翼を固めた。ロシアの未公開資料で包囲戦の全貌を検証する。

ISBN4-499-22901-4

独ソ戦車戦シリーズ9

1945年のドイツ国防軍戦車部隊

マクシム・コロミーエツ［著］
小松徳仁［訳］　高橋慶史［監修］
2700円

1945年のドイツにおける戦車・自走砲生産力、作戦行動中の戦車軍から戦車中隊までの各級部隊と駆逐戦車・突撃砲部隊の編制と戦歴を体系的にまとめた資料集。

ISBN4-499-22924-3

お探しのビデオ、書籍が書店にない場合

大日本絵画のビデオ、書籍等がお近くの書店の店頭に見あたらない場合は、書店に直接ご注文ください。この場合、送料なしでお取り寄せいただけます。

小社への通販をご利用の場合は、表示価格に消費税を加え、送料を添えて現金書留か、普通為替で下記までご注文ください。送料は一回のご注文で1〜3冊までが240円、4冊以上ご注文くださった場合には小社で送料を負担いたします。

また書籍のご注文には下記のインターネット書店もご利用いただけます。

◎通販のご注文・問い合わせ先

㈱大日本絵画　通販係
〒101-0054　東京都千代田区神田錦町1-7
tel. 03-3294-7861［代表］
fax.03-3294-7865
http://www.kaiga.co.jp

◎インターネット書店

■インターネット書店「専門書の杜」
http://www.senmonsho.ne.jp
■インターネット書店「Amazon.co.jp」
http://www.amazon.co.jp
「大日本絵画」でサーチしてください。

は固定式の火焔放射器で、やはりソ連軍の戦法から導入されたものだった。ドイツ陸軍がこの仕掛けに遭遇したのは、モスクワ周辺の防衛地区だった。これは基本的には直径30cm、高さ53cmの金属製タンクで、現代のコックつきガスボンベによく似ていた。約30リットルの濃化液体燃料が充填され、首までが地中に埋められていた。タンクの頂部には電気着火式の「加圧カートリッジ」があり、任意の角度に曲げられる管が所定の位置に溶接されていた。この管の一端はボンベの底部近くに位置し、反対側にはノズルと電気着火式点火栓が取り付けられ、必要な方向に向けることができた。離れた場所にいる操作者が作動させると、加圧カートリッジにより内部の燃料が管を上昇し、ノズル部で点火後噴射された。火焔の最大射程は約50m、最大撒布幅は約15mで、作動時間は数秒間だった。かなり物騒な代物に思われるが、米国公式戦史部の簡潔な評価にはこうある。「第二次世界大戦全般の経験から、戦闘において固定式火焔放射器は、ほとんど無価値であることが判明している」。

浜辺の出口は、危険な地雷と火焔放射器に加え、対歩兵用の有刺鉄線と対戦車用障害

オルダニー島、ロンギス湾の護岸、PzM（対戦車壁）1の西側だが、車両にとってこれがいかに手ごわい障害物だったかがよく分かる。浜辺から出られない車両は、護岸を射界に収めた無数の陣地から狙い撃ちされた。こうした障害物を突破するため、イギリス軍は特殊戦車を装備した第79機甲師団を編成した。(Courtesy of Trevor Davenport)

ジャージー島、グルーヴィル湾のパンツァーマウアー（対戦車壁）。使われている材料から建設された時代が分かる。花崗岩ならば19世紀に作られたもので、コンクリートならば占領期に建設されたものである。(Courtesy of Michael Ginns)

物のイーゲル（=ヘッジホッグ［訳注：3本の鋼材を交差させ溶接した障害物］）でも物理的に封鎖されていた。いくつかの資料によれば、上陸用舟艇防御用の水際《すいさい》障害物として、衝撃で起爆する爆発物つきの障害物が存在したという。その他にも、鉄道のレールをコンクリートに埋め込んで作られた対戦車障害物が、島の内陸部へ続く道路や小道の多くを封鎖していた。そこには第2防衛線となるアインザッツシュテルンク（作戦陣地）という、標準要塞型よりも強化野戦陣地型が主流だったブンカー群が並んでいた。これらに人員が配置されるのは普通は警戒時のみで、十字路などの戦略地点を見下ろす位置に、対戦車砲と機銃が配置されていた。すなわちヴァゾン湾はもちろん、チャネル諸島のどの島のどの海岸であれ、浜辺に上陸侵攻を試みるのは極めて無謀な賭けに等しかった。

防空部隊
Air defences

モントゴメリー元帥によれば、1942年のディエップ襲撃が失敗した2つの根本原因は、襲撃の先鋒を空挺部隊からコマンド部隊に変更したこと、事前に空爆をしなかったことだという。チャネル諸島の防御施設では、この両者への対策が考慮されていた。クルークシャンク著『オフィシャル・ヒストリー』によれば、1943年末ないし1944年初め頃から空挺部隊に対する防御策が確立されたという。

「多くの野原に対空挺部隊用の『クモ』が設置された。これらは鹵獲された……フランス製の榴弾を、野原の真ん中に立てたものだった。信管から延びる無数のワイヤーは、空中リングを介して野原の外周部に並ぶ柱に結ばれ、空挺隊員がこの『クモの巣』のどこかに着地すると、ワイヤーが引っ張られ榴弾が爆発した。ワイヤーは地上約9フィート（2m70cmほど）に張られており、人や家畜は下を安全に通行できた」

爆撃という航空攻撃は、ヒットラーの指令書に取り上げられており、彼は「防御拠点には照空灯を備え、すべての重要施設を防衛できるだけの防空部隊を配置する必要がある」とした。こうしてチャネル諸島の対空防御施設は大幅に強化されることになり、同諸島はフランス本土駐留空軍の援護がなくても自衛できるだけの能力を備えることが、総統によって命じられた。1944年には中/軽対空砲混成陣地は16箇所に達したが、さらにチャネル諸島には空軍が運用する約83箇所の軽対空砲陣地が存在していた。オルダニー島には混成高射砲陣地が4箇所あり、それぞれに8.8cm高射砲6門と2cmないし3.7cm軽対空砲3門が配備されていた。それに加え同島には、2～3門の軽対空砲を装備した軽対空砲陣地が18箇所存在した。合計すると、

オルダニー島、ドーレンフェステ抵抗巣の西方、プラッテ・ザリーネの水際障害物。その中には敵の装甲車両がぶつかると、起爆する爆発物が取り付けられたものもあった。大部分は撤去されたが、2002年に撮影されたこの写真のように、まだ多くの障害物が残されたままである。(Courtesy of Trevor Davenport)

オルダニー島のヨーゼフスブルク防御拠点（グロスネ砦）付近の3.7cm Flak 36/37。実用発射速度毎分80発、射程高度2000mという本砲は、低空を飛行する航空機を撃墜するため設置された。高高度を飛来する航空機には、中対空砲部隊が対処した。(Courtesy of Alderney Museum and Trevor Davenport)

これらの高射砲陣地に設置されていた砲は100門近くに上り、たかだか8km²の島にとっては過剰な防御力だった。しかし空軍に所属していた対空砲群には、さらに2cm砲17門が追加され、その中にはフラックフィアーリンクとして知られる四連装型も含まれていた。沿岸砲台基地の防御にあてられた空軍の対空砲は、陸軍と海軍の兵士によって運用された。

ジャージー島には8.8cm高射砲36門、軽対空砲約12門を装備した混成高射砲陣地6箇所に加え、空軍の軽対空砲陣地が約25箇所あった。さらに陸軍と海軍の高射砲兵隊の予備も存在したので、合計は約165門に達した。ガーンジー島も同様に6箇所の混成高射砲陣地と、他島よりやや多い約30箇所の軽対空砲陣地があり、配備された対空砲の合計数は約175門に上った。混成高射砲陣地のうち2箇所、ランクレス湾とトートヴァルのものは、標準要塞仕様で建設された。これは砲がコンクリート製ブンカーの上面に設置される形式のものだったが、ヴァゾン湾を見下ろすサン・ジェルマンではこの形式は一部だけだった。それ以外の砲は露天砲座に設置されていた。各混成対空砲座には射撃管制用のヴュルツブルク・ドーラ型レーダーが配置され、既存の対空兵器に加え、対空銃架つき機銃などがふんだんに供給されていた。

対空砲部隊は本来の任務以外にも、夜間に浜辺や海上を照らし出すため、ロイヒトゲショス（Leuchtgeshoß）と呼ばれた照明弾の発射も担当していた。対空砲部隊は位置的に可能ならば、沿岸防御砲の支援も期待されており、あらゆる口径の砲が徹甲弾を発射可能だった。ドイツ軍の対空砲は、他の用途の砲よりも種類が少なかった。1944年当時、高射砲部隊の最優先任務は、連合軍の戦略爆撃からドイツの都市を防衛することだった。

チャネル諸島に配備されていた対空砲

砲種	最大仰角（度）	実用発射速度（発／毎分）	実用射程高度（m）	水平射程（m）
2cm Flak30	90	120	1645	2697
2cm Flak38	90	220	1645	2697
2cm フラックフィアーリンク38（四連装）	90	800	1645	2697
3.7cm Flak36/37	85	80	2000	6492
3.7cm Flak43	90	180	2000	6492
8.8cm Flak36/37	85	15	8000	14813

本土防空には最大級の砲が投入され、全対空砲の約73％がこの用途に使用されていた。1943年4月までに本諸島は、ドイツ軍が占領していたどの沿岸地区よりも厳重に要塞化が進み、いかなる攻撃も撃退可能であると考えられていたが、対空砲に関しては実際のところ過剰だった。当時、連合軍の航空攻撃はフランスの鉄道網に甚大な損害を与えており、仏本土での対空砲の不足は深刻だった。ゲルト・フォン・ルントシュテット元帥は、チャネル諸島で持ち腐れになっている対空火器を有効利用すべきではと考えていたが、ヒットラーの考えではそんな意見は論外だったため、完全装備状態が維持され続けた。

C³—指揮管制通信系統
C³ — command, control and communication

防御施設を構成していた各種の施設は、最悪の場合には独立運用も可能なように設計されており、全体の指揮系統、管制系統、通信系統、すなわち現代で言うところのC³（シーキューブド、指揮管制通信系統）に組み込まれていた。

ガーンジー島、セント・ピーター・ポートの郊外、セント・ジャックスにあったタンネンベルクとも呼ばれたゼーコ＝キ司令部は、当初2棟の大きな建物に入っていたが、3棟の標準要塞型ブンカー複合施設に移転した。その1棟には、補助設備、通信設備、厨房、発電施設と電話交換台が設けられていた。第2と第3のブンカーはトンネルで結ばれ、海軍司令官と幕僚たち、そしてチャネル諸島海軍通信士官（Marinenachrichtenoffizier Kanalinseln/MNO）が、それぞれ勤務していた。ゼーコ＝キの戦術指揮権は、海上目標射撃用の陸軍師団砲台の司令部、港湾司令部、主要3島の防衛艇隊に加え、当然ながら海軍沿岸砲台群にも及んでいた。後者はセント・マーティンに置かれた支部である、1基の強化野戦陣地仕様の小型ブンカーから直接指揮されていた。セント・マーティンには空軍司令部も存在し、やはり標準要塞型ブンカー内に置かれ、陸軍沿岸砲台を直接指揮していた砲兵司令部（Artillerie Kommandant/Arko）も同様にブンカーで防御されていた。そこから少し離れたラ・コルビネリーには、要塞司令官の詰める司令部と、沿岸防御施設群を運用していた第319師団の司令部があった。

同様の施設群はジャージー島にもあり、ケルンヴェルク（Kernwerk＝中核陣地）として知られたC³ネットワークの心臓部が、セント・ピーターズ・ヴァレーの東側にあった小村、ラルヴァル村とル・ピソ村の近くに置かれていた。航空攻撃を考慮して分散配置されたケルンヴェルクは、6基の標準要塞型ブンカーで構成されていた。要塞司令官、歩兵連隊連隊長、砲兵隊長用の司令部ブンカー3基と、砲兵および歩兵用の上級本部用通信所（Nachrichitenstände für höhere Stab）と呼ばれた通信用ブンカー2基、補助用ブンカー1基があった。司令部ブンカーには幕僚用の作戦室と、洗面所、水洗便所、セントラルヒーティング設備を備えた居住区画が設けられていた。

オルダニー島の防衛体系もほぼ同様で、要塞司令官用に標準要塞型の戦術司令部ブンカーが、セント・アンヌ郊外にあったホー＝ヘーエ（Ho-höhe、Hoffmannhöhe（ホフマン高地）の略、カール・ホフマン大尉は同島最初の司令官）防御拠点内に設けられていた。砲兵司令官用の

1942年にチャネル諸島はゼーコ＝キを通して、海軍の指揮下に置かれた。ゼーコ＝キ司令部は、タンネンベルクとしても知られ、ガーンジー島のセント・ピーター・ポートの郊外、セント・ジャックスにあった。ゼーコ＝キとはチャネル諸島海上防衛司令部（Kommandant der Seeverteidigung Kanalinseln）の略である。1944年に完成したその複合施設には、海軍司令官と幕僚たち、そしてチャネル諸島海軍通信士官（Marinenachrichtenoffizier Kanalinseln）が、それぞれ勤務していた。
(Courtesy of Michael Collins)

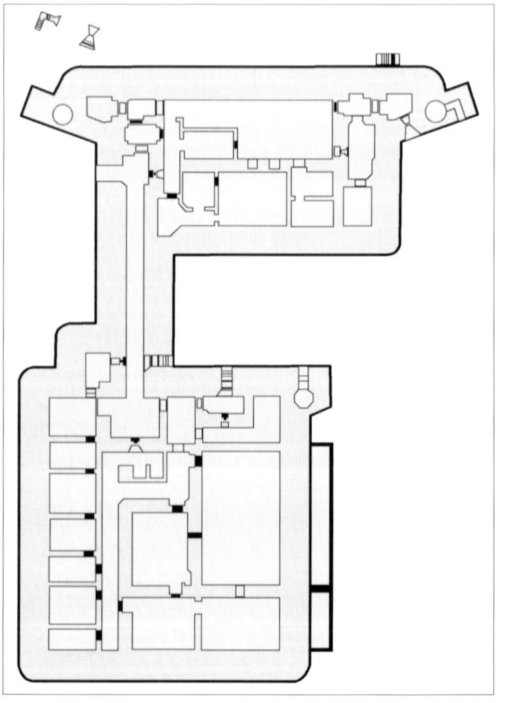

ブンカーも標準要塞型で、ラ・ロンド近郊にあったが、空軍司令部はセント・アンヌの中心部付近にあった多層式の給水塔の内部と地下に置かれていた。海軍戦術司令部もセント・アンヌにあった。

さらにこれは全島に共通していたが、陸海空軍に属する各兵科の部隊には、それぞれ独自の大隊/中隊司令部ブンカーがあり、これらは主に強化野戦陣地の仕様で作られていた。

これら各種の指揮管制センターはすべて、確実な通信システムがなければ効果的な運用は不可能だったので、地中深く埋設されたケーブル――「要塞電話網」――が、全主要要塞基地を結んでいた。この内線電話網に加え、パリとベルリンへの直通電話も存在していた。通信系統の重要性は、本システムの各結節点である中継所や電話交換所が、しばしば標準要塞型のコンクリート建造物に収容されていたという事実からもうかがえる。陸海空の各軍には専属の独立電話交換所があり、各基地や支部基地は電話網で緊密に結ばれ、交換機も相互接続されていたため、通話は自由自在だった。

トンネル群
Tunnels

いかなる防御施設でも物資だけでなく、兵器と兵員についても、予備の保存場所と宿営地の確保は重要である。ジャージーとガーンジーの両島には無数の谷があり、保存・宿営のための地下防空壕として最適であることが判明した。丘の側面にトンネルを掘削すると、空爆に対して最大36mもの堅固な岩盤の防御が得られた。トンネルの内壁は、可能ならばコンクリート仕上げとされた。オルダニー島でも多数のトンネルが計画され掘削された。

ホールガンクスアンラーゲ（Hohlgangsanlage＝洞窟内施設）、略してHo（ホー）は、ジャージー島に16箇所、ガンジー島に41箇所、オルダニー島に9箇所が計画された。大規模な施設では入口が2箇所あったが、すべてがそうなった訳ではなく、実際に設計どおりに完成したものは少なかった。例えばジャージー島で計画された16箇所のうち、1945年までに完成したのはごく少数だった。残りは着工され工事が進行中だったので、ある程度は使用できただろう。

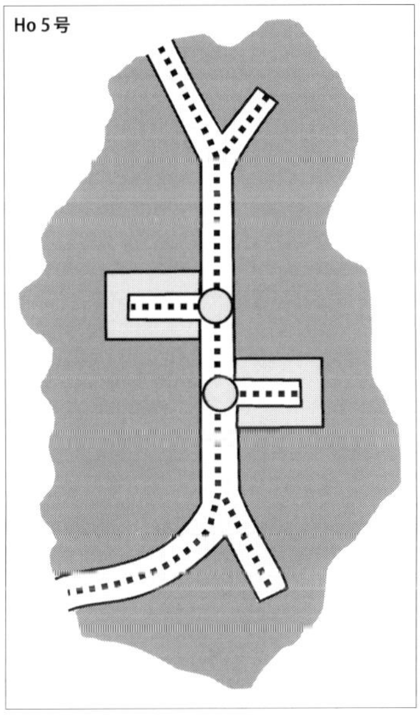

ドイツ軍がオルダニー島に建設したトンネル4本のうちの2本、Ho 5号とHo 6号はウォーター・レーン渓谷を挟むように存在している。どちらも内壁は木材で仕上げられていたが、各部屋の内部、そしてHo 6号の主回廊の西側の壁とHo 5号の主回廊の両側の壁は、コンクリート仕上げだった。Ho 6号の南側の部屋は高さ約4.5m、長さ50mほどで、北側の部屋は高さ約2.5m、全長55m前後だった。Ho 5号では西側の部屋が高さ約2.5m、長さ18mで、東側の部屋は高さ約4.5m、長さ17mだった。構内狭軌トロッコ鉄道（軌間60cm）が支線トンネルや部屋を含むトンネル内全体に敷設され、線路の直角交差部にはターンテーブルが設けられていた。Ho 5号は燃料庫と発電所を収めるように設計された。Ho 6号の2つの部屋は、弾薬庫と設定されていたにもかかわらず、兵員用の施設が設けられた。(Courtesy of Michael Collins)

写真はオルダニー島のHo 5号の東側にある部屋で、高さ約4.5m、長さはおよそ17mである。構内狭軌トロッコ鉄道（軌間60cm）の様子もよくわかり、コンクリート製の仕上げ壁の状態もよい。(Courtesy of Nick Catford)

Ho 5号トンネル南端の分岐部。床に散乱した木製の壁材と、壁材が脱落してむき出しになった岩盤の表面に注意。(Courtesy of Nick Catford)

Ho 5号にて。西側の部屋は高さ約2.5m、長さ18mほど。(Courtesy of Nick Catford)

掘削済みトンネル一覧表			
ジャージー島			
番号	用途	場所	備考
Ho 1	弾薬庫	セント・ピーターズ・ヴァレー（ル・ピソ）	一部が完成・使用された
Ho 4	弾薬庫	グラン・ヴォー	一部が完成・使用された
Ho 5	燃料庫	セント・オービン	完成し弾薬庫として使用された
Ho 8	弾薬庫および兵舎	セント・ピーターズ・ヴァレー（ミードーバンク）	一部が完成・使用された。現在はジャージー島戦争トンネルとして公開中
Ho 11	兵員掩蔽壕	グラン・ヴォー	一部のみ完成
Ho 19	発電所	セント・ヘリア港	一部のみ完成
ガーンジー島			
番号	用途	場所	備考
Ho 1	燃料庫	セント・サンプソン	未完成のまま弾薬庫として使用
Ho 2	食料庫	ル・ブエ	1944 年に使用可能に。大部分の内壁が仕上げ済み
Ho 4	燃料庫	セント・ピーター・ポート	完成。現在はラ・ヴァレット地下軍事博物館
Ho 7	兵員掩蔽壕	セント・アンドルー	Ho 40 に接続、1944 年完成
Ho 8	弾薬庫	セント・ピーター・ポート	当初の施設が拡大され、現在はガーンジー島水族館
Ho 12	食料庫	セント・サヴィア	半分ほど完成、弾薬庫として使用
Ho 40	兵員掩蔽壕	セント・アンドルー	Ho 7 に接続。現在は「ドイツ軍地下病院」として公開中
Ho ラ・ヴァルド	兵員掩蔽壕	トートヴァル	完成し、1943 年より使用される
オルダニー島			
番号	用途	場所	備考
Ho 1	弾薬庫	マンネ・クヴァリー	完成
Ho 2	弾薬庫	ヴァル・フォンテーヌ	完成
Ho 5	食料庫および発電所	ウォーター・レーン	完成
Ho 6	弾薬庫	ウォーター・レーン	完成

戦車隊
Armour

チャネル諸島には理想的な「戦車戦向きの土地」はまったくなかったにもかかわらず、第319歩兵師団には戦車隊が所属していた。本諸島に関する総統からの諸指示の中に、守備隊には戦車隊が含まれなければならないとあったのを受け、鹵獲フランス製戦車からなる部隊が1941年7月から導入された。

当初、Pz.Kpfw.17R 730（f）と命名された、非常に旧式なルノー FT17型戦車8両が、ジャージー島とガーンジー島に派遣された。より大型で近代的なPz.Kpfw.B1（f）ことシャールB1型が1942年3月に到着すると、これらは飛行場警備任務にまわされた。これらは第213戦車大隊として編成され、ガーンジー島に駐屯する本部と第2中隊の戦車19両は、各5両からなる3個小隊を構成し、その第3小隊には火焔放射型に加え、指揮戦車型、大隊長用戦車、中隊長用戦車、予備車1両が配備されていた。ジャージー島には第1中隊が駐屯し、17両のシャールB型が配備されていた。やはり5両編成の3個小隊に分けられ、加えて中隊長車と予備車が1両ずつ存在した。同じく第3小隊には、火焔放射型が配備されていた。

ジャージー島には他に4.7cm Pak（t）auf Pz.Kpfw.35（f）と命名された、ルノー R35

戦車のシャシーに4.7cm Pak36（t）対戦車砲を装備した車両が11両派遣されていた。これらは第319自走化大隊（Schnellabteilung）に配備された。

同様の装備をもつ第450自走化大隊が、ガーンジー島には駐屯していた。1942年にサーク島がコマンド部隊に襲撃されると、同島の防衛を強化するために2両が派遣されたが、短期間で撤収された。

オルダニー島の状況は、あまりはっきりとしない。各島の占領状況を調査したイギリス軍諜報将校T・X・H・パンチェフ少佐は、オルダニー島についてのちにこう記している。

「ドイツ軍は12ないし15両の装甲車両からなる予備機甲部隊を保有していた……主力はフランス軍から鹵獲した旧式なルノー軽戦車だった。チェコの鹵獲車両も1、2両あった可能性がある」

チャネル諸島に派遣された装甲車両は、1940年当時のドイツ軍のどの軽戦車よりも劣っており、連合軍戦車との戦闘にはほとんど役立たなかったろうが、対歩兵戦には多少有効だったかもしれない。

まとめ
Conclusion

チャネル諸島が戦略的に無価値だったことと、その防御力の水準を考えれば、連合軍が最後まで侵攻を試みなかったのは当然といえるだろう[原注3]。ところが異端の戦略家、ルイス・マウントバッテン卿が、協同作戦の立案者として上陸侵攻作戦を提案している。

マウントバッテンへの辞令は1941年10月16日に出された。彼の職務には、参謀本部の全体指導下で、「小規模な襲撃から、大陸への総力上陸侵攻まで、あらゆる形態の協同作戦における戦術的および技術的な理論展開」を研究することが含まれていた。この種の襲撃は、1942年8月19日のディエップ攻撃作戦「ジュビリー（Jubilee=祝祭）」で頂点を迎えた。この作戦の惨憺たる結果にもかかわらず、オルダニー島、そしておそらくはガーンジー島とサーク島をも攻撃する計画が、1942年末に立案された。これはマウントバッテンが、ドイツ軍に地中海方面への戦力派遣を断念させるための牽制作戦として提案したものだった。彼の計画は「無謀で」「本土への上陸作戦と並行されなければ無意味」であるとして、戦略的才能に恵まれた知将、大英帝国参謀長サー・アラン・ブルックによって却下された。ブルックの日記の1943年2月19日の記述には、マウントバッテンの計画は「適切な戦略的準備を欠き、戦術的にも極めて不安定」であると却下の理由がまとめられ、数日後にも「再び無謀な計画を持ち出したマウントバッテンと……非常に白熱した議論」を経験したと記されている。戦略的な愚考はヒットラーの専売特許ではなかったが、マウントバッテンと違い、彼には自分の決定を実行させられる権限があった。連合軍では抑制と均衡の原理が遵守され、すべての軍事的な意思決定には参謀本部の許可が必要だったため、全体的に戦略的な間違いは少なかった。実際のところ、チャネル諸島のどの島を攻撃しても、致命的な戦略ミスになったことだろう。とはいえ戦術レベルの話ならば、1944年までに開発されていた優れた技術の助けを借りれば、そうした作戦が現実に成功したかもしれない。

1944年までに連合軍は、サー・パーシー・フーバート少将にちなんでフーバートの「ファニーズ」（変なやつら）と呼ばれていた多数の装甲車両を開発しており、それらを上陸作戦援護を専門とする第79機甲師団に集中配備していた。のちにアイゼンハワーは、1944

[原注3]：小規模なコマンド部隊の襲撃は何回も実施されたが、成功度はさまざまだった。

年6月6日のDデイ上陸について次のように述べた。

「オハマ以外のすべての浜辺で、我が軍の犠牲者が比較的少数で済んだ理由は、我々が投入した新奇な兵器が成功したこと、そして攻撃の先鋒として上陸した装甲車両の大群によって敵が戦意を喪失し、物量的に圧倒できたのが大きい」

オマハ・ビーチとユタ・ビーチに上陸した米軍部隊は、水陸両用戦車以外の特殊装甲車両は使用しない決定をしていたが、オマハではその大半も上陸に失敗したので、アイゼンハワーのこの言葉は少々不正確である。それでもすべての浜辺で上陸が成功したのだから、圧倒的に優勢な空軍・海軍戦力と第79機甲師団の特殊戦車の協力をもってすれば、チャネル諸島への侵攻は最終的には成功したかもしれない。ただし水際防御施設の密度がノルマンディより高かった以上、より多くの犠牲が伴ったであろうことは確実である。もちろんこうした史実と異なる仮定は言い出せばきりがないので、パンチェフ少佐の総括を受け入れるのが妥当だろう。

「我々が強襲によってこの島を占領することは、絶対に不可能だったろう。ガーンジー島の確保すら覚束なかったろうと考えるのは、ドイツ人がオルダニー島に海峡のジブラルタルの名を与えていた事実が、彼らの自信の表れに他ならないからである」

The living site

基地に関わった人々

ジャージー島、セント・ウェンズ湾のケンプト塔抵抗巣から南の対戦車壁を見たところ。壁の後方にある施設は兵員退避壕だが標準設計でなく、設備名は掩蔽壕/武装警備施設（Unterstand/Waffen Kommission Festungen）とされ、壁から突き出した縦射用機銃座へ続く連絡トンネルが設けられている。写真は2002年の撮影。(Courtesy of A. F. van Beveren)

要塞建設労働者
The fortress builders

「本建設工事には外国人労働者、特にロシア人、スペイン人、ならびにフランス人をあてるものとする」というヒットラーの指示に従い、トート機関（OT）が統括機関となって労働部隊を編成し、チャネル諸島へ投入した。フィリップ・フレデリック・ル・ソトゥールは、ジャージー島での出来事を以下のように記録している。

「1941年の末ごろ、数千人もの労働者が各国から到着していた……大勢のフランス人、ベルギー人、オランダ人、スペイン人、アラブ人が集められ、劣悪な環境の下、ごくわずかな食料で命をつないでいた。記録によれば、スペイン人たちはフランスの抑留収容所から解放されたばかりのフランコ派で、フランコ陣営の勝利以来幽閉されていたという……ぼろを着た男たちが、仕事場のそばの地面から……小粒の変な芋を掘り出して…生で食べたり、食べられる雑草を探しているのを見るのは、哀れだった。

ケンプト塔抵抗巣の兵員掩蔽壕で、1972年に本地区が美観整備工事された時の撮影。そのため建造物の全貌が写った貴重な一枚になった。(Courtesy of Michael Ginns)

「この世界中から集められた労働者の集団は、カーキ色の服を着たトート機関の下で働いていた。この組織は名目上は軍隊ではなかったが、唯一の違いは、彼らが軍隊式敬礼の代わりに『ハイル』と挨拶していた点だけだった。この団体は……もっぱら徴兵年齢を過ぎたか、軍務に適さない男性を集めていたようだった。彼らは荷役用家畜としか見なしていなかった労働者たちに、親切とはほど遠い態度で日々接していた」

チャネル諸島に送られたOT労働者の合計数について確かな数字を示すのは、時期による変動が激しかったため難しい。例えば1942年6月付のあるドイツ軍文書によれば、同諸島には1万1800人がいたとある。翌年5月に書かれたメモには、ガーンジー島1万6000～6700人、ジャージー島5300人、オルダニー島4000人とある。1943年11月になると人数は減少し、ガーンジー島約8800～2980人、ジャージー島3746人、オルダニー島2233人となっている。事実、総統命令からの数カ月間、膨大な量の戦略物資が次々と島々に船で送られていた。ル・ソトゥールの記録によれば、「8月中ずっと……港には週平均およそ50隻の船が入港していた。11月中の入港数については、「一時は50隻以上の船が[セント・ヘリア]港にいた」という。

上記の「荷役用家畜」たちに、ナチスの理不尽な人種階級制でさらに地位の低い人々が加えられた。ロシア人の虜囚である。彼らについての当時（1942年）の記述、「ぼろを身にまとい、その多くが履物は粗布製の袋だけという哀れな有様で」、「ひどい栄養不足だった」、の正確さを疑う余地はない。もし彼らが到着時にすでに栄養不足だったなら、彼らの境遇はそれ以後何も変わらなかったことになる。そのうちのひとり、1942年8月に16歳で東ウクライナからジャージー島に強制労働者として連行されたヴァシリー・マレンポルスキーは、何とか生き延び、彼らが味わったすさまじい体験を作家フレデリック・コーエンに語った。

「起床は5時で、コーヒーと称する濁った黒い水を飲みました。朝食後、笛の合図でドイツ人の前に整列しなければなりませんでした。もたもたしていると殴られました。私たちの仕事は鉄道の建設で、地面を均さなければなりませんでした。岩を砕かなければならないことも、しばしばでした。1時から2時の間に昼食休みがあり、カブの『スープ』が出されましたが、これはちっぽけなカブが一切れ入っただけの水でした。私たちは普通、1日に12時間から14時間働きました。ドイツ人たちは私たちを背後から監視し、私たちが背筋を伸ばそうと手を休めると殴りました。私たちは背を曲げたまま、ずっと働いているふりをしました。するとドイツ人はそれを見破り、ちゃんと働いているかどうかを注意するようになりました。もし怠けていると判断すると、ドイツ人は私たちを殴りました。一日の終わりに私たち全員は、『夕食』と印刷された小さなカードを渡されました。これと交換で、半リットルのスープと、おがくずが少量混ぜられた200グラムの『パン』が出されました。毎月第2日曜日は休みでしたが、その日は働いていないという理由で、食事はまったく出ませんでした」

こうした厳しい環境で過酷な強制労働に従事していては、10月末に倒れたのも無理はなかった、とマレンポルスキーは述べている。「疲労と赤痢により」彼が歩けないほどひどく衰弱したため、友人たちは彼を収容所の病院に担ぎ込んだが、これはスペイン人の労働部隊が設立したものだったという。そこで彼はスペイン人たちの看護によって回復し、ある「ジャージー島民女性」は彼にパンを持ってきてくれたという。体調が何とか持ち直すと、彼はトンネル工事現場へ戻されたが、そこは彼の記述からジャージー島のHo 8号だったことが分かる。

ドイツ軍は占領中、既存の建物を改造して上手く活用していた。写真はガーンジー島、ヴァルのグラン・アーヴルを見下ろす風車小屋で、階を増築して監視塔に改造された。(Courtesy of John Elsbury)

「私たちはまだ幼い少年で、痩せて、疲れ果て、ぼろを着て、寒さで顔色は真っ青でした。工事現場はトンネルの巨大な迷路でした。恐かったです。天井を木の支柱で支えている場所もあるし、水の流れる音もして、ひどい湿気でした。墓穴の中のようでした。壁はごつごつしていて、足元は泥だらけでした。そこかしこで、蟻のように人々が働いていていました。あれだけのトンネルが全部強制労働者の手作業だけで掘られたのは、信じられないことです。皆ふらふらで、シャベルを持ち上げるのがやっとでした。全員の行く末は同じでした……死です」

別のロシア人、キリル・ネヴロフもオルダニー島での、同様の苦しい体験を語っている。

「私たちは一日に16時間働くこともしょっちゅうで、島の周りにコンクリートの壁を作っていました……2、3カ月すると、一日に12人前後の人が死ぬようになりました……引き潮の時に1台のトラックが、浜辺の50か100m沖に掘られた穴に死体を捨てていました。1つの穴に12人ぐらいだったと思います。潮が満ち引きすると、水に流された砂に覆われて、その墓の跡は全然わからなくなってしまいました。私はコンク

ヴィクトリア朝時代のクロンク砦の敷地内に立つ、シュタインフェスト抵抗巣を東側から見たところ。手前は、南側のハネン湾を睥睨していた10.5cm K331(f)を収めていた670型穹窖。2人の人物が立つコンクリート製の部分には、おそらく探照灯が置かれていたのだろう。遠方にかろうじて見える島々はカスケッツ群島。(Courtesy of Andrew Findlay)

リート壁の工事で50mほど離れた所にいたので、死体が埋められるのをこの目で見ました［原注4］。

ナチの言う「ロシア人」とはソヴィエト連邦内のあらゆる民族を一緒くたに指していたが、ナチのロシア人虜囚に対する方針は、1942年の第三帝国ウクライナ総督が代弁している。

「私はこの国を完全に滅ぼしてやろう。住民はひたすら働いて、働いて、働くのだ。食料がなくなると騒いでいる連中もいる。だが与えるつもりはない。我々が来たのは、彼らに恵みを施すためでは決してない。我々は支配人種であり、最低のドイツ人労働者ですら、人種的にも生物学的にも、ここの連中の千倍もの価値があるのだ」

当時「ロシア人」はウンターメンシュ（ナチ用語で人以下の人間を意味する語）とされていたが、ナチスの狂信的な人種階級の最下位ではなかった。その地位はユダヤ人が占めることになっていた。この人種グループが受けた処遇は、1942年の労働者部隊についてコーエンが記した一文に言い尽くされているだろう。「この強制労働者のグループで、ユダヤ人の生存者はひとりもいなかった」。これは上記のロシア人強制労働者に課せられた食事制限よりも、はるかに厳しい制限が実際のユダヤ人には加えられ、労働量は上回りはしないにしても同量だったと考えれば、驚くにはあたらない。生き延びてその経験を書き残したスペイン人、ジョン・ダルマウはオルダニー島に配属されていたが、ユダヤ人の受けていた処遇について記している。

「［彼らの］飢えは極限にまで達し、ニンジンのかけらをいくつか投げ与えて、哀れな餓鬼たちがそれを奪い合うのを見物するがドイツ人の楽しみになるほどだった。人肉を食べたという事件が、何件も耳に入った……私たちが［釣った］タコやアナゴをユダヤ人に与えると、彼らはそれを生のまま食べた」

［原注4］：本件などの類似の証言について、物的証拠はこれまでにまったく確認されていない。発掘調査が行なわれたが、何の痕跡も発見されなかった。

［原注5］：1938年12月にSSは、ハンブルクの南東約15kmのノイエンガンメに建つ古いレンガ建物に、ザクセンハウゼン収容所の支部を設置した。これは1940年初夏に独立した強制収容所になり、主収容所と主にドイツ北部にあった80箇所の支部で構成されていた。1945年に約10万6000人の囚人が解放されたが、うち5万5000人前後が死亡した。

［原注6］：2種類の収容所、強制収容所と根絶収容所の違いはその機能であり、被害者にとっては実情よりも差が大きく感じられるかもしれない。例えばアウシュヴィッツとベルゼンでの収容所生活を生き抜いた、アニタ・ラスカー・ヴァルフィッシュはこう言う。「皆さんに、どちらがひどかったかと聞かれますが……全然違っていました。アウシュヴィッツはあらゆる設備の整った、非常によく組織化された根絶収容所でした。ベルゼンでは設備は不要でした。いずれにせよ、死ぬのには変わりありませんでした」。

オルダニー島は、全チャネル諸島でおそらく最も恐ろしい評判が立っていた場所だったが、それはラーゲル・ズィルト（ズィルト収容所）があったためだった。囚人は処罰として、他の収容所からそこへ転入させられた。ズィルト収容所は1943年3月以降、SSのトーテンコプフ部隊によって運営され、同収容所とその支部の囚人と看守がSS西方建設旅団として、オルダニー島へ防御施設建設労働者の増援に派遣されていた。ノイエンガンメ強制収容所の支部収容所［原注5］であるズィルト収容所の囚人たちは、決して全員がユダヤ人という訳ではなく、他の強制労働部隊とほぼ同様に、さまざまな人種で構成されたグループだった。しかし彼らがSSから受けていた処遇はさらにひどかった。戦後、イギリス軍諜報部のパンチェフ少佐は、ズィルト収容所での大量虐殺の噂を調査し、それは真実でないと結論した――「これはアウシュヴィッツのような『死の収容所』ではない」［原注6］。

チャネル諸島の地元住民も防御施設の工事に募集され、必要条件を満たして徴用された人はかなりの数に上ったと多くの資料に書かれている。その理由はピーター・D・ハッサルによれば、「ドイツ軍が支払った賃金が島労働局の賃金の約2倍だったためだった。確かに労働局は、ドイツ軍が発注した工事を島民に斡旋していたが、それは非軍事目的の工事だった」という。ハッサルによれば、ドイツ軍は他にもアイルランド人を雇っていたという。

「島に長期滞在するアイルランド人労働者は、占領前から多かった……アイルランドは中立国だったが、占領軍はアイルランド人に帰国を許さなかった……そしてアイルランド政府の抗議にもかかわらず、その処置は改められなかった」

チャネル諸島のあらゆる標準要塞型の施設、そしてトンネル群とコンクリート製護岸は、大別すると強制労働者と志願労働者という、まったく立場の異なる人々によって建設されたのだった（陸軍工兵隊が建設していたのは、低級な仕様のものだった）。先述の通り、強制労働者の人数は変動していたが、彼らのほぼ全員がノルマンディ上陸作戦後に引き上げられた。1944年7月のリストでは、ガーンジー島489人、ジャージー島83人、オルダニー島245人となっている。

強制労働者たちが建設した建造物群は、彼らの受けた残酷で非人道的な扱いの証人で

オルダニー島、ロンギス湾のラズ砦に建設されたアイラントフェステ抵抗巣の一部で、この穹窖はヴィクトリア朝時代の要塞にじかに増築されている。最も一般的だったフランス製の鹵獲10.5cm砲を収容していた。(Courtesy of Trevor Davenport)

ある。これらの建設をナチスが非常に重要視していたとはいえ、なぜ死者が続出するほどの飢餓と重労働を強いる必要があったのかという点について考えると、論理的な説明はしようがない。あれほど苛酷な環境を労働者に強いるのは、まったく非効率的な行為のはずだ。しかし、このように論理でこの問題を説明しようとすることは、この施策を押し進めた人間たちが理性的に物事を考えていたと仮定することでもある。だがそれはこの場合は当てはまらず、こうした悪意が抱かれて実行されたという事実がこれ以上なく明解に示しているのは、ナチスの根底にあった邪悪な政治倫理は、論理や理性とはまったく相容れない考え方だったということである。

占領軍
The occupiers

チャネル諸島の主力部隊は、占領の全期間中、ドイツ陸軍の第319歩兵師団だったが、海軍と空軍の分遣隊も相当数が駐屯していた。1941年6月の時点でこれらの兵力は計1万3000名だったが、同年8月のヒットラーの命令後、その数は10月には1万5500名、11月には2万1000名と、大幅に増加された。1942年8月には本諸島への派遣軍は約3万7000名に上ったというが、『オフィシャル・ヒストリー』が指摘する通り、この数字が達成されたのかは疑問である。事実、1943年5月の2万6800名の内訳は、ガーンジー島1万3000名、ジャージー島に1万名、オルダニー島3800名だった。この数字は11月になると2万3700名に落ち込み（ガーンジー島1万2000名、ジャージー島8850名、オルダニー島2850名）、1944年7月にはガーンジー島1万1266名、ジャージー島8869名、オルダニー島3443名と、1944年6月のフランス侵攻後もほぼそのままだった。

以下のハッサルの記録にあるように、占領軍の生活は当初は非常に快適だった。

「島には大きなホテルや寄宿舎が数十箇所もあったので、大勢のドイツ兵が押し寄せても宿泊施設は充分足りていたが、間もなく大手のホテルは勝利に浮かれたドイツ兵で満員になった。彼らは戦闘装備をベッドに放り出すと、在庫の豊富なジャージー島の商店やデパートで買えるだけのものを買おうと、閑散とした通りに続々と繰り出していった。

「しかし商店の在庫は再入荷の見込みがなかったため、ドイツ軍の到着から数日後に、占領軍向けに購入量制限が定められた。ドイツ軍による占領から2週間以内に食料配給制が全面的に導入され、島民の週あたりのバターおよび料理用脂は113グラム、肉は340グラムとされた。パンと野菜はまだ手に入ったが、玉子がなくなったという資料もある。守備隊や一般

これはベル・ロワイアル抵抗巣の631b型という穹窖で、4.7cm Pak 36(t)を収容していた。この穹窖は護岸に沿って縦射を加えるために設けられた。(Courtesy of Michael Ginns)

ジャージー島、セント・ウェンズ湾を見下ろす絶好の位置に設置されたこの機銃陣地兼司令部ブンカーは、地下トンネルで他の施設と連絡され、この地区の防衛の要であるドクトルハウス防御拠点の一部を構成していた。(Courtesy of Michael Ginns)

島民の困窮度を測るのに、タバコの入手可能量は、最もわかりやすい目安のひとつだろう。タバコは、世界中のどの国の闇市でも共通の通貨だった。当初、占領軍は軍からの支給分に加え、地元の商店からいつでも一度に50本程度のタバコを買えたが、1940年11月になるとその量は一日20本に減らされた。本数は1941年3月には6本に、7月には3本に減らされ、9月にタバコの購入は完全に禁止された。もちろんドイツ兵はその頃でも軍からタバコを支給されており、その『黄金並みの貴重品』は、至る所にあった闇市のどんな商品とでも交換できた」

チャールズ・クルークシャンクは、占領軍は物質面で「そう長くない先に」島民よりも困窮するだろうと主張した。しかしこれは相対的な比較の話で、一般社会と比べ、軍隊内が物不足なのは兵営生活では当たり前の不満である。例えば、1941年以降に守備隊員の多くが、自分たちは東部戦線で赤軍と戦っている友軍部隊よりも物質的に貧しい、と思っていたとは考えにくい。チャネル諸島がまさに当てはまる、平穏な地域での守備隊生活はひたすら退屈だったに違いなく、少なくとも正規軍やゲリラに急襲されて死ぬ危険とは無縁だった。せいぜいチャネル諸島には、小規模なコマンド部隊の襲撃が何度かあっただけだった。そのひとつが1942年9月3日の英軍コマンド部隊のカスケッツ群島上陸だったが、その目的は同島の灯台守備隊員を捕虜にすることだった。彼らは兵士7名を殺害し、無線設備と予備設備を破壊してから暗号帳を奪取した。海軍はこの灯台を重視していたので、強化された部隊が再び守備任務に配置され、防御設備が導入された。ヒットラーがこの種の事件に敏感だったのは有名で、報復を厳命した。この命令に基づいて行なわれた最大の報復のきっかけとなったのが、1942年10月3～4日にかけてのサーク島上陸作戦「バソールト（Basalt＝玄武岩）」だった。作戦の実施には、戦前の休暇中に現地の土地勘を得たジェフリー・アップルヤード少佐指揮下の部隊があたり、目的は尋問用捕虜の拉致だった。

ディクスカート・ホテルで就寝中だったドイツ兵5名が拉致され、手錠をかけられて上陸地点の浜へ連行されることになった。しかし彼らが途中で抵抗したため、2名の捕虜が手錠のまま射殺された。コマンド部隊は、残り1名の捕虜を連れて脱出に成功し、イギリスに帰還した。

守備隊の指揮官、ヘルト少尉は軍法会議にかけられるはずだったが、まったく不問とされた。サーク島に駐屯していた約350名の守備隊員たちは、二度と失態を繰り返さないよ

ジャージー島、ロートリンゲン砲台の敷地に近いノワールモン岬のMP1号。ジャージー島には9基の監視塔の建設が計画されていたが、実際に建設されたのは3基で、そのひとつMP1号はチャネル諸島占領期保存会によって復元され、公開されている。(Courtesy of Michael Ginns)

う、より大人数で宿営せよと命令された。しかしヒットラーが注目したのは、撃たれたドイツ兵が手錠をかけられていたという点で、しかも射殺は冷酷に行なわれたという証言が存在していた。彼は、ディエップで捕らえられたカナダ人捕虜を鎖で拘束するよう命令したが、それに対抗し、イギリスもほぼ同数のドイツ人捕虜を鎖でつないだ。戦争捕虜を鎖で拘束することは、ジュネーヴ協定違反だった。ドイツ人は「ギャングの方法」でイギリス人を攻めるのだという、激しいプロパガンダが流されたが、やがて消えていった。事件の再発防止のために占領軍が強制した各種の規制は、一部の住民に大きな苦しみを与えた。中でも厳しかった強制措置は、特定条件にあてはまる人々の島外追放だった。

民間人による武装レジスタンス活動は不可能だった。理由は、占領軍の規模に比べて島民人口が少なすぎ、島々の地理的面積も比較的狭かったためだった。後者の事実がもたらす結果について、ル・ソトゥールはこう述べている。

「兵士たちは島民と幅広く交流していたので、大規模な秘密組織を作ろうにも、必ず露見するのは目に見えていた。そのために必要な危険を負うのにやぶさかでない人も少なくなかったろうが、行動に出れば自分だけでなく周囲の人々までが巻き添えになるのを、誰もが知っていた」

1941年になると、戦争の拡大により戦線が伸びきってしまったのに加え、総統のチャネル諸島への執着もあり、守備隊員全員の錬度の向上が求められ、訓練が増加されることになった。ル・ソトゥールは、1942年に以下の事実を目にした。

「島に駐屯していた守備隊員の訓練はかなり強化され、戦闘とは無関係の兵士（精肉兵、製パン兵など）までもが戦闘部隊に組み込まれるための訓練を受けるようになり、彼らの日常業務は地元民か外国人の民間人に委託された……連日連夜、さまざまな部隊が行進をしたり、演習場から戻る姿が見られた……イギリス軍の基準と比較すると、ドイツ兵はだらしなく見えた……これはおそらく『閲兵場』向けの行進訓練がまったくといっていいほどなかったためだろう。訓練の背景にあった根幹思想は、不要なものはすべて切り捨て、戦闘に役立つ訓練のみに専念すること、のように思われた。昼間および夜間の、小銃と機関銃での長時間の狙撃訓練が強化されただけでなく、重砲と軽砲の射撃訓練も頻繁に実施されるようになった」

翌年、彼は「1943年のドイツ国防軍は、2、3年前とは全然違っていた」ことに気づいた。その違いの原因は、ロシア、北アフリカ、シシリー島などで100万人前後の兵が戦死し、ドイツと枢軸諸国が深刻な敗北を喫していたためだった。ヒットラー最大の盟友ムッソリーニが7月に失脚すると、イタリアは休戦協定を結んで完全に寝返ったため、9月にドイツは同国を占領せざるを得なくなった。ロシアで戦闘を繰り広げながら損害を拡大し続けている陸軍の大部隊以外にも、今やドイツ軍は西ヨーロッパに約50個師団、イタリアに22個師団、さらにバルカン半島に24個師団を展開していた。このあまりにも過大な戦力展開は、動員可能な兵力を限界まで捻出させていた。事実、ル・ソトゥールは10月にジャージー島に到着した「200名ほどのイタリア兵たち」が、「ドイッチェ・ヴェーアマハト」（ドイツ国防軍）と書かれたカフバンドを付けていたのを目撃している。

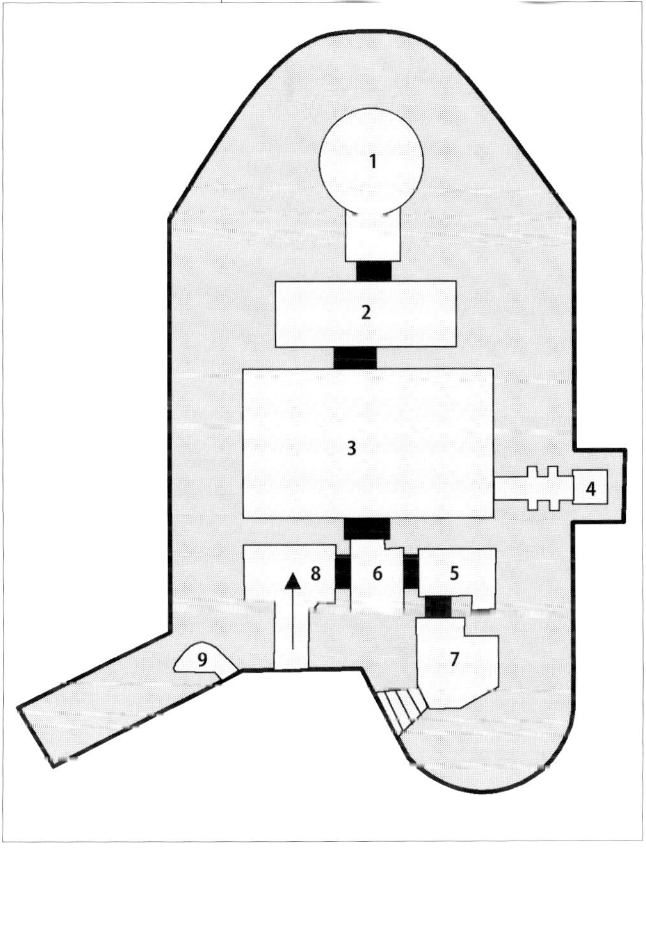

六銃眼銃塔設置用ブンカー634型
各部の名称：
1. 機銃銃塔
2. 弾薬庫および換気装置
3. 兵員待機室
4. 緊急脱出口
5. 倉庫
6. 防ガス気密室
7. 入口監視用の機銃用銃眼
8. 入口
9. 環形陣地
このブンカーは「B」種基準で建設されており、鉄筋コンクリートの厚さは1.5～2.0mである。
(Courtesy of Michael Collins)

彼らは外人部隊（Hilfswillige—支援志願者隊、外人部隊）だったと思われ、ひょっとするとムッソリーニが9月の救出後にドイツの支援を得て再建した社会主義共和国の支持者たちだったのかも知れない。当時の大西洋防壁の各管区では、大半ではないが多くの地区で、その不落要塞の守備隊が非ドイツ人兵士からなる派遣部隊で増強されていた。ジャージー島の北海岸を防衛するために配属されたロシア解放軍第643東方大隊のロシア人兵や、ガーンジー島の南海岸に配属されたグルジア軍団第623大隊も、その一部だったが、ただしどちらの地区も上陸作戦には不向きな場所だった。

兵員の質の低下のせいか、船舶不足や連合軍の空襲のために本土からの食料などの物資輸送が滞りがちだったという兵站的な問題のせいか、守備隊員による窃盗や万引きの発生率は、占領期間中、右肩上がりで増加していった。『オフィシャル・ヒストリー』から引用しよう。

「1941年末、軍人による窃盗事件の届け出は、毎月約30件だった。この数字は1942年の1～3月期での毎月65件から、10～12月期の毎月200件以上に上昇した。1943年中頃には毎月330件以上に急増したが、これはドイツ国防軍が包囲により非常に厳しい立場に追い込まれる前のことである」

この包囲とは、厳密には1944年6月6日のDデイ以降、ヒットラーが三正面戦争を戦うという悪夢のような戦略的状況に陥った時から始まったものである。ヒットラーは西方からの攻撃が「戦争の勝敗を決めるのだ」と主張したが、他の予測はともかく、この点については彼は正しかったといえる。チャネル諸島は迂回「放置」されてしまったが、この戦略は太平洋方面でのものに似てなくもない。しかしそうなると、どうやって占領軍は自分たちや島民を養ったのか、あるいは物資を輸入したのかという、疑問が湧くのは当然だろう。守備隊への物資の供給が途絶え、軍と島民の両方の食料が欠乏することが7月中旬に判明した。10月2日当時のドイツ軍守備隊の総数は2万8500名と見積もられ（ガーンジー島1万3000名、ジャージー島1万2000名、オルダニー島3500名）、島民人口は6万2000人（ガーンジー島2万3000人、ジャージー島3万9000人）だった。あらゆる食料は先述のように枯渇は避けられず、1945年1月までしか持たなかった。穀物、塩、砂糖は、石鹸とタバコとともに緊急に必要だった。医薬品は底をついていた。飢餓を回避する手立てが整えられたのは、部隊と島民が散々弁解を聞かされた後だった。赤十字を通じて食料と医薬品がガーンジー島とジャージー島に届けられることが決定され、5次にわたる船便の第1陣が、1944年12月26日に中立国ポルトガルから汽船ヴェガ号で到着した。

もちろんこの頃にはチャネル諸島の軍事的な立場が好転する望みはなかったが、降伏を主張する者はなく、1945年2月に「冷酷なナチ」と呼ばれていた海軍中将が司令官に着任した。彼は1945年3月まで、私は「この島々を総統のために守りぬく……最後の勝利まで」と、誓い続けていた。同じ頃、守備隊員たちの体調は栄養不足の深刻化により悪化し、守備隊内部の政治的情勢も1945年2月に共産主義の思想ビラが出回るなど極めて不安定になっていた。3月中旬に出されたその第2号は、戦争についてヒットラーを非難し、以下のように警告していた。

「チャネル諸島のナチ将官たちは、ドイツ本土で戦争が終わった後も島々を死守する決意らしいが、無駄なあがきだ。だがそれすらも叶わないだろう。悪事の清算日は近い。すでに砲声や爆発音が、狂信的な海軍中将とその無能な部下どもに、強力な対抗勢力が迫っていることを告げている。間もなくナチの高官たちの死体が、人類に対する最大の罪の結末を示すだろう……すべての戦争犯罪者を絞首台へ」

意外かもしれないが、1944年中頃から守備隊の中に共産党の細胞組織が発足していた。組織の首謀者パウル・ムルバッハは、スペインの国際旅団［訳注：人民戦線側の外国人義勇軍］で戦った前歴のある男だった。組織が関与していた反乱は、ヒットラーに幻滅した士官らによるものと思われ、決起は1945年5月1日に予定されていたが、中止された。終戦はもう目前であり、無用な闘争で得られるものは何もなかったためである。しかしのちに件の「狂信的な海軍中将」は、「隷下の部隊に不穏な空気」が漂っていたため、自分はチャネル諸島の無条件降伏を進める会議に直接出席できなかったと述べている。事実、ビラを作成したり反乱を企てたりするのは非常に危険なことで、敗北主義者的あるいは裏切り者的な思想を口にした者は、即刻処刑された。こうした規律の乱れは、戦争の終わりが目前に近づくにつれ、ナチスの「自国民」への支配力が低下していたことの証拠だろう。

先述の通り、占領軍の窮乏はますます深刻化し、末期になるほど食糧不足が悪化した。しかし彼らが戦闘に巻き込まれることは最後までなく、敵意をあらわにした島民に包囲されることもなかった。彼らはいつ終わるとも知れない退屈な日々を過ごしていたが、それは常に危険に直面し続けていた数百万もの友軍兵士から見れば、天国のような境遇だった。

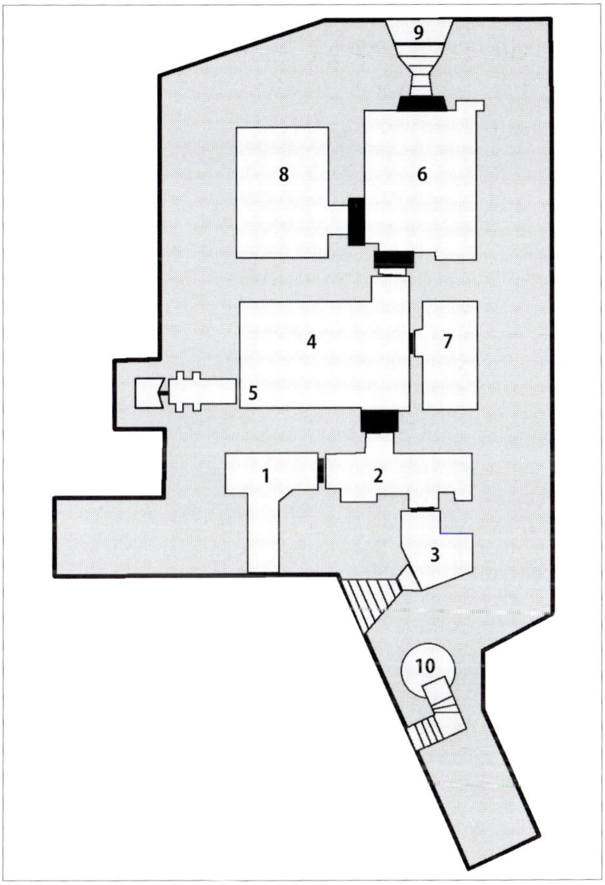

4.7cm PaK36(t)を収容していた穹窖の平面図。建造物の実物はガーンジー島のランゲンベルク防御拠点にある

各部の名称：
1. 入口
2. 防ガス気密室
3. 機銃用銃眼（対歩兵用の入口警備設備）」
4. 兵員室
5. 緊急脱出口入口
6. 砲室
7. 換気装置室
8. 弾薬庫
9. 砲眼
10. 観測座（環形陣地）
(Courtesy of Michael Collins)

被占領民
The occupied

比較論だけで言えば、チャネル諸島の占領軍が他の戦地で戦っていたドイツ軍部隊ほど苦労しなかったように、一般島民の暮らしも戦時下としては恵まれていた。しかし忘れてはならないのは、第三帝国の軍隊に蹂躙された他の地域のようなナチズムによる残虐行為はほとんどなかったとはいえ、チャネル諸島でもある割合の住民が犠牲になったことである。彼らは一般的な場合でも、特殊な場合でも、ナチス固有の思想と施策の犠牲者だった。書くだけでもぞっとする話だが、その思想に従って占領軍は、占領後間もない1940年8月からチャネル諸島の住人の誰がユダヤ人なのかに注意を向け始めた。

占領軍と非占領民との法的関係の基礎は、FK515と民間行政機関との間で1940年の7月中に定められた。

「民間行政機関と［各］島の裁判所は、従来どおり機能を継続するが、すべての法律、条令、規則、命令は、施行前にドイツ軍司令官に提出されること。

「過去に下された、および将来下されるドイツ軍司令官による命令は、速やかにジャージー島［およびガーンジー島］の議事録に記載し、全島民に周知を図ること」

これはつまり、ドイツ軍は少なくとも表向きは「ジャージー島政府」とガーンジー島の「協議会」が各島の行政を担当し続けることを許可していた訳だが、「ドイツ軍司令官によるすべての命令と要求は、各島政府を通じて布告され、各島政府によるすべての命令は、島政府からの布告前にドイツ軍による審査を受けるとする」ことになっていた。

ユダヤ人に関する最初の命令は、ジャージー島では1940年10月21日に、ガーンジー島では1940年10月24日に公布され、ユダヤ人に島政府への登録が義務づけられた。ジャージー島での命令は、「ユダヤ人登録業務は……外国人登録所所長に……委任する」とされ、ガーンジー島では「警察署」に届け出るとされていた。この命令の結果、ジャージー島で12人、ガーンジー島で4人、サーク島で1人が登録された［原注7］。

［原注7］：サーク島の集計結果は行政長官まとめより。サーク島の政府は封建制で、サーク島行政長官はサーク島領主により任命され、最高議会議長とサーク島最高裁判所所長を兼任する。

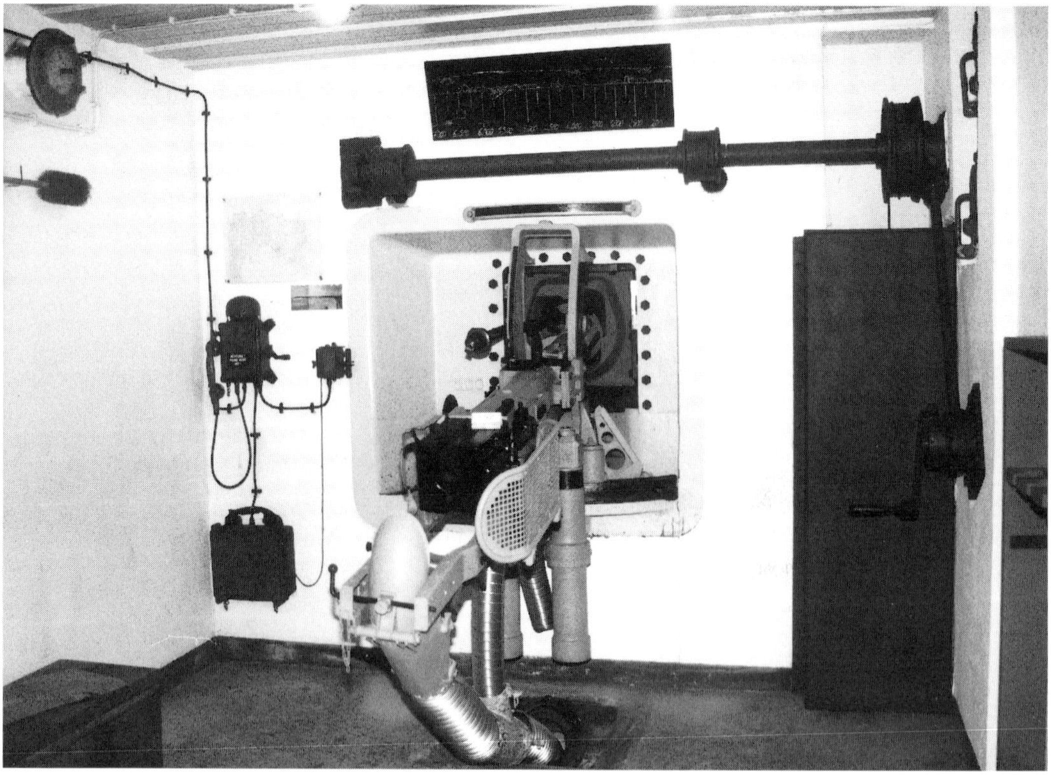

4.7cm Pak36(t)の砲尾。このチェコ製鹵獲砲は、解放後のドイツ軍武装の撤去により、ほとんど残っていない。写真はジャージー島、セント・オービンス湾のミルブルック抵抗巣のもの。(Courtesy of Michael Ginns)

さらにユダヤ人「アーリア化」政策に関連する4件の命令第2〜5号が、ジャージー島では1942年3月7日に、ガーンジー島では1942年3月21日に公布され、午後8時から午前6時までのユダヤ人夜間外出禁止令、住所変更に先立っての許可取得が義務づけられた。不気味なことにこの命令中には、規定に反した場合、「違反者はユダヤ人収容所に隔離するものとする」とあった。

続く第7号は、「ユダヤ人であること」の明示の徹底化で、第8号に先立ちガーンジー島で1942年6月30日に公布された。これは、6歳以上のユダヤ人は黒字で「ユダヤ」と書かれた黄色い六角星を上着の左側のよく見える位置に縫い付け、公の場では常に着用することとしていた。この命令は、ジャージー島では民間行政機関の反対から公布されず、結局うやむやになった。

8月に命令第9号が成立し、両島で公布されたが、これにはユダヤ人の劇場への入場禁止、買い物が許される時間は午後3時から午後4時までなどといった制限が定められていた。ここでも違反者に対する処罰は、ユダヤ人収容所への隔離と記されていた。実際に1942年4月にガーンジー島で登録されていた4人のユダヤ人のうちの2人に加え、未登録だったが「把握されていなかった」ガーンジー島民1人が、違反の罰として島外に追放された。1942年6月17日にFK515が提出した報告書には、チャネル諸島に残っていた登録済みユダヤ人の国籍別名簿が含まれていた。ジャージー島：イギリス籍7人、エジプト籍1人、ドイツ籍1人、ルーマニア籍2人（当初登録されていた12人のうち、1人はその後死亡）、ガーンジー島：イギリス籍2人。以前登録されていたサーク島の1人は、後日の再鑑定でユダヤ人でないとされた。

ユダヤ人の迫害はナチスの統治下では一般的な施策だったが、チャネル諸島では他の住民層もある理由により迫害された。1941年10月20日のヒットラーの指令書は同諸島の「不落要塞化」に関するものだったが、その第4章には「島民でないイギリス人、すな

10.5cm K331(f)用の「イェーガー型」穹窖の平面図。600シリーズのこの型は、設計したトート機関職員にちなんで命名された。この型の陣地は、チャネル諸島の主要3島各地に約30基が建設された。

各部の名称：
1. 入口
2. 防ガス気密室
3. 機銃用の銃眼銃座
—対歩兵入口防御設備
4. 兵員室
5. 緊急脱出口への入口
6. 砲室
7. 換気装置室
8. 弾薬庫
9. 空薬莢収納庫
10. 砲眼
11. 観測座（環形陣地）
(Courtesy of Michael Ginns)

わちチャネル諸島生まれでない者全員の大陸への追放処置に関する命令は、追って下す」と書かれていた。これは英国の差し金により、イラン在住のドイツ人が抑留されたのに対する対抗処置であり報復だった。実際、チャネル諸島生まれでない人間の選別は、研究者ハッサルがのちに呼ぶ「1940年10月14日に島政府により公布された……極めて不吉なドイツ軍の命令」によって推進された。

「島内在住の18歳から35歳までのイギリス人男性は全員、直ちに役所に申告すること。上記の条件に当てはまる者は、イギリス軍での兵役経験の有無、またイギリス軍予備役であるか否かに関わらず、申告の義務を負う」

さまざまな理由により島外追放は実施されなかったが、それも総統が気づくまでの12カ月間だけだった。だがその判明後、ヒットラーは総統直々の命令が実施されなかった理由を調査するよう命じ、「チャネル諸島出生者でないイギリス人」を島外追放する勅命指令書を出した。1942年9月15日、予定されていた島外追放の通知が公表された。最終的に何人が退去させられたのかは資料により異なるが、それから3週間で2000人前後が、ジャージー島、ガーンジー島、サーク島から追放されたようだ。さらに島外追放は1942年10月3～4日のサーク島襲撃に対する報復としても実施され、1943年1月30日に約200人の男女と子どもが抑留収容所に送られ、1943年2月13日には第二次島外追放が行なわれた。追放された人々の該当条件はさまざまで、確認済みユダヤ人の残りも含まれていた。

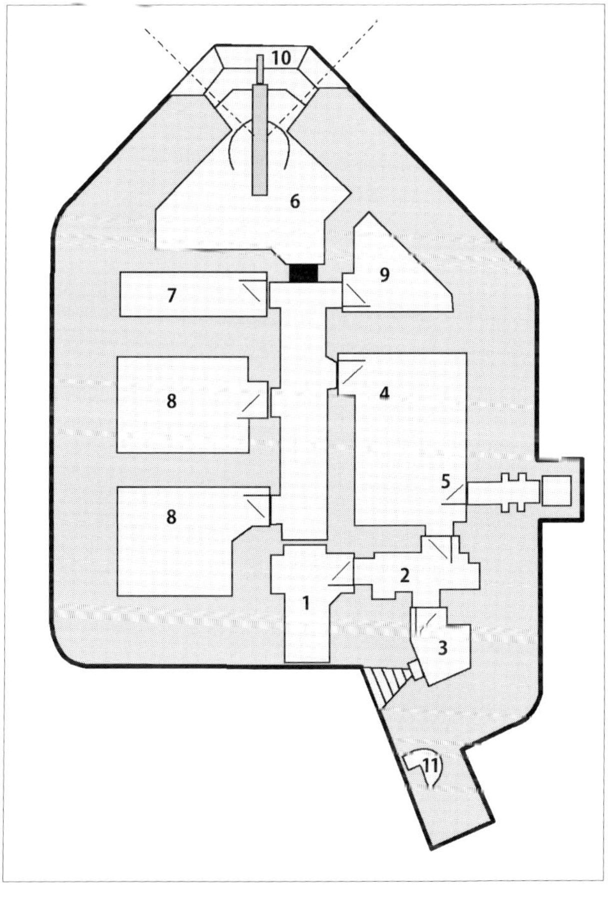

マイケル・ジャインズは第一次島外追放で退去させられたひとりで、その経緯を以下のように語った。

「追放命令は、チャネル諸島生まれでなかった16歳から70歳までの男性全員に適用されたが、ドイツに送られたのはその家族も含めてだった。そのため私たちも去ることとなった。当時私は14歳だった。

「最初のグループ選別ののち、ジャージー島出身者の大部分がたどり着いたのはヴュルツザッハという小さな町で、町の中心にあった18世紀時代の城（本当に壮麗な大邸宅を超えるものだった）で暮らすことになった。私たちの存在が国際赤十字に確認され食生活が落ち着くと、とにかく退屈で仕方なくなった。そこは強制収容所でなく抑留収容所だったので、毎月舞台ショーが催され、監視員つきでの散歩や、運動場でのサッカー/クリケット/スポーツ大会も開催された。

「監視員たちは、保安警察官から選ばれた第一次大戦に参加した老兵ばかりで、いつも相手に気を配り、子どもたちに親切だった。この収容所は1945年4月28日に解放され、自然死で亡くなった12人を除き、全員が故郷へ戻った」

これまで述べた条件に該当せず、強制退去させられなかった人々は、さまざまなやり方で占領体制とつき合っていくしかなかったが、それは積極的な反抗が不可能だったからだった。つき合うといっても、その行動は千差万別で、恭順派として心の底から協力する人々がいる一方、その対極には協力を拒むことで抵抗する人々もいた。おそらく当然のことながら、占領時代を生き抜いた人で、これ以上ない苦々しい記憶を抱いているのは、当時は容認されていた協力に最も積極的だった人々だろう。積極的な協力といっても、その仕方はさまざまだった。ハッサルの場合、ドイツ軍に積極的に協力していた自分の両親を恥じていたという。

「私はドイツ軍——イギリスの敵——に協力している両親に反発するには幼すぎた……また戦争が終わったら、自分の家族がどうなってしまうのか、とても心配だった。裏切り者として牢屋に入れられるのでは、それとも銃殺かと。私は最後にはイギリスが必ず勝つと信じていたので、ドイツ軍への協力者や闇商人たちが裁かれる日がきっと来ると思っており、協力者の子である自分がどうなるのか、心配で仕方なかった」

ハッサルの親の場合は物質的な利益のための協力だったが、ル・ソトゥールは人類の起源以来続く現象も眼にしたという。

「人間の本質が何であれ、ある種の出来事は何度も繰り返されるものである。普通の良識を備えていても、人はそれに反する行動に導かれることがある……極めて由々しきその現象とは……若い女性たちの振る舞いで——既婚女性ですら——ドイツ軍が自分たちの敵であるのを忘れていた」

ドイツ寄りと見なされたのは個人行為だけでなく、占領軍と民間行政機関の関係についても、後者の協力が媚びすぎであると感じていた人々もいた。

非協力派の中には、勇気をふりしぼって占領軍に逆らい続けていた人々もいた。例えばドイツ軍は住民たちをナチの反ユダヤプロパガンダで操ろうと多大な努力をしていたが、同調した島民がユダヤ人の疑いのある人物を密告した形跡はほとんどない。事実、2人の島民がそれぞれユダヤ人を当局から長期にわたってかくまっていたことが明らかになっているが、この行動は発覚すれば強制収容所送りは確実で、死はほぼ間違いなかった。

Finale

結末

1945年4月30日、第三帝国の総統は最期の瞬間まで守護神を罵りながら、赤軍の捕虜になるのを避けるため自決した。後継者カール・デーニッツ提督に選択の余地はなく、中央ヨーロッパ時間5月8日2301時、ドイツは連合軍に無条件降伏した。時差によりその時刻が午前零時1分過ぎにあたったため、チャネル諸島で降伏が発効したのは5月9日だった。ヒットラーの「不落要塞」は、その創造者、邪悪なナチズム政府、そしてドイツとともに陥落した。

チャネル諸島の要塞化を全力で推進するというヒットラーの決断によって、最大の恩恵を受けたのは連合軍だった。他の地域に投入すればはるかに有効だったはずの膨大な資源を、戦略的にほとんど、ないしまったく無価値な地域に投入するという決定は、連合軍にとっては願ってもいなかったことだった。総統の決断は、戦略的なもの以外も含め、その大半が合理的な計算というよりは、歪んだ直感に基づいていた。合理性を全体的に無視し続けたつけが、しいては敗戦、ナチズムの崩壊、ドイツの占領という結果につながったのだった。特にチャネル諸島の要塞化にかかった経済的な代価は、正確さの基準をどんなに緩めても試算が不可能なため、今後も計算しようとする人はいないだろう。

戦後の調査では大量虐殺の証拠はなかったとの結論が出されたが、これはおそらく建設部隊が残した遺体の数から見積もられた死者数が根拠となっており、算定数が低めなのはまず間違いない。遺体やその痕跡からでは、どれだけの遺体が跡形もなく処分されたのかを算定する術はもちろんない。また民間人も大きな負担を強いられたが、中でもひどい苦しみを味わったのは、各種の理由で島外追放された人々だった。特に強制収容所送りとなった場合、最悪の結果として生命を落とした人も多かった。一方、要塞内ではナチの残虐行為はそれほどではなかったとはいえ、留まり続けた人々は皆、物不足と恐怖に苦しんでいた。連合軍が戦争の主導権を握ってからは、守備隊も窮乏するようになっ

解放後の調査で英独の将校たちが囲んでいるのは、固定陣地に設置された戦車砲塔。オルダニー島のローゼンホーフ防御拠点にて。ドイツ軍はかつて遭遇したソ連軍の戦法からこの陣地の着想を得た。(Courtesy of Alderney Museum and Trevor Davenport)

た点は指摘しておかなければならないが、先述のとおり相対的な比較論でいえば、彼らの境遇は友軍部隊の大半よりもはるかに恵まれていた。

ヒットラーが築いた「不落要塞」の遺構は今日も多数残っており、いくつもの基地施設が当時のままに修復されている。それらは軍事考古学的な視点で見ればチャネル諸島占領期の遺風であり、今も残る無数のさまざまな種類の標準要塞型施設は、やはり現存している旧時代の防御施設と比較すれば、軍事建築の変遷をたどる手がかりになるだろう。軍事建築物としての優秀性は明らかで、膨大な努力なしには破壊は事実上不可能である。つまりこれらは、20世紀中期の軍事防御技術の片鱗なのである。だが反面、これらは啓蒙主義を否定する非論理的で無意味な思想を改めて思い出させる、文字通り具体的《コンクリート》な存在である。まともな思考過程からは、実現不能な目標、不落要塞を無意味な場所に建設するという決断は生まれない。しかし当時のナチス、特にその指導者は、道理というものを無視していた。彼らの多くは最後にその罪を自身の命で償うことになったが、それは彼らの犯罪の被害者たちにとってほとんど、あるいは何の慰めにもならなかった。残されたのは、犠牲者たちへの追憶だけだった。

The sites today

現在の基地施設

解放後しばらくすると、ドイツ軍が設けた設備で移動できるものは、大半が取り外されスクラップにされた。同様にコンクリート造でない施設や野戦陣地もすべて取り壊された。しかしそれよりも頑丈な施設は解体が難しかったので、せいぜい土で埋められるだけのことが多かった。それを考えれば、チャネル諸島占領期保存会が、ジャージー島およびガーンジー島の政府とともに、多数の重要な基地施設を復元し、最良の状態に保っているのは喜ばしいことである。個人や団体も保存事業に協力しており、チャネル諸島を訪問する人は、多数のドイツ軍施設を可能な限り当時の状態に近い姿で目にすることができるのだ。

1990年撮影の写真に写っているドイツ軍火砲の錆びた残骸は、ジャージー島のレ・ランデの崖から投棄されたもの。砲身に座っている少年は、写真家スティーヴ・ジョンソンの息子ドミニク。これらの砲の何門かは現在は修復され、かつての砲座に復帰している。(Courtesy of Steve Johnson)

ジャージー島
Jersey

セント・ヘリアのエリザベス城（Elizabeth Castle）には、占領期の史料が展示されており、それらが島の歴史で果たした役割を解説展示している。城へ続く土手道は、長さおよそ1kmで、満潮時には海に沈むが、DUKW《ダック》大型水陸両用車で渡ることができる。同城の公開は4月から10月までの、午前10時から午後6時まで（最終入場は午後5時）。

セント・ヘリアには他にも要塞島占領期博物館（Island Fortress Occupation Museum）と、占領期タペストリー・ギャラリー（Occupation Tapestry Gallery）がある。年中無休の同博物館には、軍装品、武器、軍服、軍用車両、文書などの膨大なコレクションが収蔵されている。戦時中の映像とインタビューをビデオ展示で見ることもできる。占領期タペストリー・ギャラリーは、リニューアルされた花崗岩造の倉庫内に海事博物館と併設され、年中無休。開館は3月28日以降は午前10時～午後5時、10月31日以降は午前10時～午後4時。タペストリーは12枚のパネルで構成されている。ジャージー島の12箇所の教区から寄付されたもので、占領下のジャージー島でのさまざまな暮らしぶりが描かれている。これはジャージー島解放50周年を記念して製作され、1995年にプリンス・オブ・ウェールズによって除幕された。

遺構の中でも出色のものは、セント・ローレンスのミードーバンクにあるジャージー島戦争トンネル群（Jersey War Tunnels）で、かつてHo 8号として建設されたものである。1960年代に改修されたこの複合施設には、「囚われの島（Captive Island）」という占領期博物館が設けられ、戦時中のアーカイヴフィルムや占領期の記録コレクションなどが収められている。トンネルの外は自然の原野で、ここにも戦時中の陣地が数々あり、往時を偲べる公園になっている。トンネルと併設施設は3月中旬から11月初旬まで無休、開場は午前9時30分、最終入場時刻は午後4時15分。

チャネル諸島軍事博物館（Channel Islands Military Museum）は、セント・ウェンズ湾のルイス塔《タワー》抵抗巣の一部だったブンカー内に設けられている。同館には英独軍の軍服、オートバイ、軍装品、文書などの資料が収蔵されている。同博物館は4月5日から10月31日まで無休、開館時間は午前10時～午後5時（最終入館時刻は午後4時45分）。ケンプト塔抵抗巣の周辺には修復された施設や完全状態の火砲もあり、さらに同様の施設がコルビール防御拠点をはじめとする各地に存在している。これらについて詳しく書かれたパンフレットは、チャネル諸島占領期保存会（The Channel Islands Occupation Society, Hon. Secretary: W. Michael Ginns, MBE, Les Geonnais de Bas, St Ouen, Jersey, JE3 2BS）から入手するとよいだろう。

ガーンジー島
Guernsey

セント・ピータース・ポートのコーネット城（Castle Cornet）には複数の博物館と展示があり、海事博物館、軍事博物館、RAF第201飛行隊（ガーンジー島名誉部隊※）博物館、そして展示「コーネット城物語（Story of Castle Cornet）」がある。公開は4月～10月の毎日、午前10時～午後5時。セント・ピータース・ポートにはクラレンス砲台（Clarence Battery）もある。これはジョージ砦の外郭部に位置し、占領中はドイツ空軍の早期警戒レーダー部隊の本部になっていた。本砲台にはジョージ砦の遺構のほぼ全体が含まれ、当時の衣装を着た人形とその解説板などが展示されている。毎年復活祭［訳注：3月下旬ごろ、年によって異なる］～10月まで公開。

セント・ピータース・ポートにはラ・ヴァレット・ドイツ軍地下博物館（La Valette German Underground Museum）もある。この博物館は空調の効いたトンネル複合施設内にあるが、これは本来はドイツ軍がUボート用の燃料貯蔵施設として建設したもので、軍事関連品と占領期の史料が収蔵されている。開館は4月～10月の毎日、午前10時～午後5時まで。

［※1939年に第201飛行艇隊はガーンジー島政府から名誉的な地位を与えられ、現在もその後身である第201飛行隊と同島は親密な交流を続けている］

かつてのHo 12号は、セント・サヴィアース・トンネル群（St Saviour's Tunnels）として公開されている。公開は毎日午前10時～午後6時で、かつてここに保管されていた兵器や装備を見ることができる。セント・アンドルーのラ・ヴァサラリー・ロードにあるトンネルHo 7号とHo 40号は連結されており、ドイツ軍の地下野戦病院が設けられていた。延べ床面積は約7000㎡で、これらのトンネル施設は、現存する戦時中建設された最大の建造物である。公開は夏季のみで、午前10時から正午までと午後2時から4時まで。

プリーンモント岬のトートヴァルには、復元されたMP3沿岸砲台管制観測塔と、完全に修復された22cm K532（f）砲とオリジナルの測距儀が戻され、兵舎も再建されたドールマン砲台がある。公開は4月～10月は水曜と日曜の午後2時～5時、11月～3月は日曜午後2時～4時（天候による変更あり）。

ヴァゾン湾のオンム砦にあるローテンシュタイン防御拠点（Stützpunkt Rotenstein）は、修復がある程度終了し、10.5cm K331（f）がオリジナルの穹窖に収容されている。公開は年間を通して火、木、土曜の午後2時～4時。

セント・ピータース・ポート近郊のセント・ジャックス（St Jacques）では、ゼーコ＝キのタンネンベルク司令部を構成していたブンカー群のひとつが、現在博物館になっており、無線機やエニグマ暗号装置などが展示されている。開館は4月～10月の木曜から土曜、午後2時～5時である。

ドイツ軍占領期博物館（The German Occupation Museum）はフォーレストのル・オーズ（Le Houards）にあり、占領期のガーンジー島の生活を垣間見ることができる。開館は4月～10月の毎日、午前10時～午後5時。

オルダニー島
Alderney

ジャージー島とガーンジー島で進められている修復作業は、オルダニー島ではまだ実施されていないのため、本島に建設された標準要塞型陣地は大多数が現存しているものの、内部は荒れ果てているのが現状である。占領によって残された最大の歴史的建造物はセント・アンヌの中心部にある「給水塔」だが、現在は上るのも危険な有様で、他の施設の状態も似たり寄ったりである。そのため、どの施設を訪れる場合にも、細心の注意が必要である。

オルダニー島郷土博物館（Alderney Society Museum）はセント・アンヌのハイ・ストリートにあり、その収蔵品には占領期の資料も含まれている。開館は復活祭から10月末日まで、平日は午前と午後、休日は午前のみである。

歴史的建造物保存団体によってヴィクトリア朝時代のクロンク砦――シュタインフェステ抵抗巣――は修復され、宿泊施設に改装された。定員は13名で、軍用施設から生まれ変わった670型穹窖には2名が泊まれる。

サーク島
Sark

サーク島にはごく少数の防御施設しか建設されず、基本的には港湾地区の防御施設とトンネルしかない。戦後本島では、「Juif（ジュイフ、仏語でユダヤ）」と書かれた黄色い六角星が発見され、建設を行なっていたOTの強制労働者にユダヤ人が含まれていた証拠となった。この星はサーク島占領期博物館（Sark Occupation Museum）（に展示されており、同島の占領下の遺物とともに公開されている。

Bibliography
参考資料

書籍および印刷物

Bessenrodt, Hauptmann Dr (Ed), *Die Insel Alderney: Aufsatze und Bilder* [The Island of Alderney: Essays and Views] Deutsch Guernsey Zeitung, 1944
Burnal, Paul, *Batterie Lothringen: Archive Book No. 10,* Channel Islands Occupation Society, 2002
Cohen, Frederick, *The Jews in the Channel Islands during the German Occupation 1940-1945,* Jersey Heritage Trust, 2000
Cruickshank, Charles, *The German Occupation of the Channel Islands: The Official History of the Occupation Years,* Guernsey Press Co., 1975
Davenport, Trevor, *Festung Alderney,* Barnes Publishing Ltd, 2003
Fraser, David, *Alanbrooke,* Collins, 1982
Gavey, Ernie, *A Guide to German Fortifications on Guernsey,* Guernsey Armouries, Revised Edition 2001
Ginns, Michael, *Jersey′s German Bunkers: Archive Book No. 9,* Channel Islands Occupation Society, 1999
Ginns, Michael, and Bryans, Peter, *German Fortifications in Jersey,* published by the authors, 1975
Hassall, Peter D., *Night and Fog Prisoners or Lost in the Night and Fog or The Unknown Prisoners,*
Hogg, Ian V., *German Artillery of World War Two,* Greenhill Books, 1997
Kieser, Egbert, (Trans. Helmut Bögler) *Hitler on the Doorstep: Operation Sea Lion,* Arms & Armour Press, 1997
Le Sauteur, Philip Frederick, *Jersey under the Swastika: A Credible Account of Nazi Terror in Jersey during the Occupation,* Streamline Publications Limited, Available from http://tonylesauteur.com/arbre19.htm
Pantcheff, T. X. H., *Alderney Fortress Island: The Germans in Alderney, 1940-1945,* Phillimore and Co., 1987
Partridge, Trevor, and Wallbridge, John, Mirus: *The Making of a Battery,* The Ampersand Press, 1983
Sauvary, J. C., *Diary of the German Occupation of Guernsey 1940-1945,* Self Publishing Association, 1990
Short, Neil. *Fortress 015: Germany′s West Wall: The Siegfried Line,* Osprey, Oxford: 2004
Ziegler, Philip, *Mountbatten,* Collins, 1985

ホームページ

http://www.subbrit.org.uk/sb-sites/sites/a/alderney/index.shtml
http://www.cwgsy.net/community/guernseyarmouries/
http://www.cyberheritage.co.uk
http://www.jersey.co.uk/attractions/ughospital/
http://www.channelislandshistory.com/
http://www.ipmsslc.com/photo/
http://www.jerseyheritagetrust.org/edu/resources/
http://www.bunkersite.lcbunkers.com
(このサイトにはチャネル諸島を含む、大西洋防壁にあったドイツ軍ブンカーの完全な分類表が掲載されている)
http://www.cipostcard.co.nz/
http://www.findlays.net/landmark/

著者の言葉
Author's note

執筆中にお世話になった方々に謹んで感謝の意を表したい。特に以下の方々からのご助力に心より感謝をささげる。

チャネル諸島の方々：Peter Arnold（Alderney Society）、Trevor Davenport、Michael Ginns MBE（Secretary of the Channel Islands Occupation Society=チャネル諸島占領期保存会会長）、Patricia Pantcheff。

オランダの方：Arthur van Beveren。

ニュージーランドの方：John Elsbury。

イギリスの方々：Nick Catford、Michael Collins、Maria Evans、Peter Evans、Andrew Findlay、Bernard Fullerton、Steve（それからDominic）Johnson、Pamela Stephenson、Andy Stirling。

中でも原稿を精読して私のつたないミスを訂正し、本テーマに関する百科事典級の知識を提供していただいたMichael Ginns氏には深く感謝申し上げる。

言うまでもなく、こうした多くの助力がなければこの本の完成はありえず、本書における事実あるいは解釈の間違いは、すべて私の至らなさによるものである。

要塞研究会
The Fortress Study Group(FSG)

FSGの目的は、防御施設とその武装に関するさまざまな研究を広く世に紹介することである。特に対象としているのは、火砲か装備された、あるいは耐弾性を備えた施設である。FSGは毎年9月に週末を含む5～6日間にわたって大会を開き、見学会やイブニング講演会、8日間におよぶ毎年恒例の海外ツアー、年一度の会員交歓デーなどを実施している。

FSGの機関誌『FORT』は年刊で、会報『Casemate』は年3回発行。会員は世界各国に存在。より詳しくお知りになりたい方は、The Secretary, c/o 6 Lanark Place, London W9 IBS, UKまでご連絡ください。

沿岸防御施設研究会
The Coast Defenses Study Group(CDSG)

沿岸防御施設研究会（CDSG）は、沿岸防衛および防御施設の研究を促進するために設立された非営利法人である。主な対象はアメリカ合衆国のものだが、外国の事例も扱っている。歴史、建築、工学技術、そして戦略および戦術的運用法がその研究の対象である。CDSG会員には季刊会誌『Coast Defense Journal』とCDSG会報が届けられる。CDSGについてより詳しくお知りになりたい方は、www.cdsg.orgへアクセスを。CDSGに加入なさりたい方は、The Coast Defense Study Group, Inc., 634 Silver Dawn Court, Zionsville, IN 46077-9088（担当：Glen Williford）までお手紙を。

献辞
Dedication

犠牲となった人々へ

◎訳者紹介｜平田光夫（ひらた みつお）

1969年、東京都出身。1991年、東京大学工学部建築学科を卒業、一級建築士。5歳頃から模型が趣味に。2003年『アーマーモデリング』誌で“ツィンメリットコーティングの施工にはローラーが使用されていた”という理論を発表、模型用ローラー開発のきっかけをつくり、現在は同誌で海外モデラーのレポート翻訳を手がけている。訳書に『第三帝国の要塞』（小社刊）がある。

オスプレイ・ミリタリー・シリーズ
世界の築城と要塞イラストレイテッド　2

英仏海峡の要塞
1941-1945
ヒットラーの不落要塞

発行日　2007年2月23日　初版第1刷

著者　チャールズ・スティーヴンソン

訳者　平田光夫

発行者　小川光二

発行所　株式会社大日本絵画
〒101-0054　東京都千代田区神田錦町1丁目7番地
電話：03-3294-7861
http：//www.kaiga.co.jp

編集　株式会社アートボックス
http：//www.modelkasten.com/

装幀・デザイン　梶川義彦

印刷/製本　大日本印刷株式会社

©2006 Osprey Publishing Limited
Printed in Japan
ISBN978-4-499-22928-9 C0076

The Channel Islands 1941-1945
Charles Stephenson

First Published In Great Britain in 2006,
by Osprey Publishing Ltd, Elms Court,
Chapel Way, Botley Oxford, OX2 9LP.
All Rights Reserved.
Japanese language translation
©2007 Dainippon Kaiga Co., Ltd